入门

开启心灵智慧之门

朱志一 ◎ 著

团结出版社

图书在版编目（CIP）数据

　　入门：开启心灵智慧之门 / 朱志一著. -- 北京：
团结出版社, 2018.8
　　ISBN 978-7-5126-6566-8

　　Ⅰ. ①入… Ⅱ. ①朱… Ⅲ. ①人生哲学 – 通俗读物
Ⅳ. ①B821-49

　　中国版本图书馆CIP数据核字(2018)第195128号

出　　版：团结出版社
　　　　　（北京市东城区皇城根南街84号　邮编：100006）
电　　话：（010）65228880　65244790
网　　址：http://www.tjpress.com
E-mail：zb65244790@vip.163.com
经　　销：全国新华书店
印　　装：黑龙江艺德印刷有限责任公司

开　　本：787mm×1092mm　　 1/16
印　　张：14.5
字　　数：165千字
版　　次：2018年8月　第1版
印　　次：2018年8月　第1次印刷

书　　号：978-7-5126-6566-8
定　　价：56.00元
　　　　　（版权所属，盗版必究）

序　言

你是谁？

你的名字是你吗？

你的身体是你吗？

你的思想是你吗？

你以为的你是你吗？

你到底是谁？

你在迷茫中找一个老师又一个老师去上课，

你在慌乱中找一个大师又一个大师去算命，

你的人生有什么变化吗？

你一直在找，一直在找，你一直在找寻的究竟是什么？

你感觉到的纠结、痛苦、不安、烦恼、忧愁，怎样才能解脱？

到底应该怎样做?

可以让我们处在真正平安之中?

可以让我们的心不受外界的干扰?

可以让我们没有任何的恐惧?

人生没有开始,也没有结束,你所看到的不正常的事情都是正常的。

我们之所以还没有成功,只因为我们始终没有找到"入门"的法则。

大千世界,芸芸众生,都在颠倒梦想,每个人都触摸不到根本,何谈智慧生发?

一切生灵,从无始来,至无终去,迷己为物。

何为"断"?何为"禅"?何为"空"?

无论是佛学、国学、玄学、商学,无论你学什么,首先要"入门",不管你是在创业,还是在给别人打工,无论是从事保险、直销、微商、移动互联网、快消品、化妆品、服装、农业、软件业,甚至最新的数字区块链,你都需要先"入门",入门之后才有可能在自己的行业有所建树。只要我们一直没有摸到"入门"的开关,我们就会在红尘中起起浮浮,找不到方向。

什么是真？什么是假？什么是情绪？什么是思维？什么是逻辑？什么是智慧？什么是空性？当你把这些都"入门"了，你才能找回你自己，找到那个最初的答案。

放下你的头脑，生命不在头脑里面，让我们用"一念"开始转化，当我们迷茫的时候，翻翻这本《入门》之书，这是与宇宙链接最好的方式，也是你我建立起来的一种很深的缘分。

真实的不受任何威胁，不真实的根本就不存在，让我们全然觉醒在宇宙实相中。《入门》揭开了人、自然、佛、道、上帝、涅槃、空性、天堂、地狱的实相，告诉我们获得智慧的根本法门，帮助我们消除烦恼和困惑，指引我们怎样才能活出精彩人生。

愿《入门》能重建你的思维，帮你认清定位，带你走向人生的舞台，了悟生命的真相，活出自在的状态。

集客传媒

肖　翔

目 录

第一篇

第二篇

第三篇

第四篇

第一篇

一、被逼无奈

如果不是被逼无奈，当初你是不会选择走现在这条路的，人生往往有很多的选择都是因为被逼无奈。

一个人感到生活安逸，说明他已经习惯了当下的节奏和状态，这一生或许就这样平平淡淡度过了。一旦他有了想要改变的冲动，往往是因为某个意外事件的发生导致了被逼无奈，然后人生就此发生转折。

你为什么想要学习？你为什么会买这本书？或许你发现不学习不行了，跟不上时代了，要被淘汰了，身边的人开口说话都有高度了，所以有时候你是被逼无奈开始学习的。慢慢地，你进入了学习的状态，你开始喜欢上学习，在学习中慢慢产生智慧，学习久了，开始提炼出自己的思想，落成文字，或者讲给别人听，这种感觉特别美妙，会使你无法抗拒，继而开始运用到管理中，生活中。

所以记住一句话："人有动力做某件事情不是因为道德，不是因为高尚，不是因为有境界，更不是因为遵循各种道义，而是被逼无奈。"

你今天去孝顺父母是喜欢还是被逼无奈？有人说是"喜欢"，你骨子里是喜欢还是被逼无奈？还有人回答："骨子里喜欢。"

那请问，你对自己的孩子好还是对你父母好？有人回答说"对孩子更好"，那你前面就是一派胡言。怎么没见你陪伴父母比陪伴孩子时间更多呀？还骨子里喜欢父母？赤裸裸地把你的皮扒下来，自己看清楚，这就是人性。这本书就是直击人性的最黑暗面，让你彻底看透，你才能开始入门。所以孝心本身就是一件被逼无奈的事情，从本质上来说，没有人会喜欢孝心，人性的本能是照顾和培养下一代，尊重和学习上一代。孝心只是一种文化，不排除这个世界上有一部分人有孝顺之心，可孝心从来就没有流淌在每个人的骨子里，你需要看清自己的虚伪，你要明白什么才是自己真正喜欢的，什么是自己不喜欢的，不把自己逼急了，根本不会知道自己想要什么？

你今天为什么要学习？你为什么会有现在的生存状态？为什么信用卡里欠了一堆钱？为什么夫妻关系处理不好？为什么孩子不听话？为什么企业经营不善？这些都会逼着你去改变，逼着你找答案。你需要摆脱痛苦，所以请记下第一条入门法则：

◆入门法则1：人在被逼无奈的情况下，才会发现只有绝路才是路。

这句话什么意思？有人乍一看说看懂了。你是真看懂了，还是假看懂了？不要被自己的大脑欺骗，要面对自己的内心，这句话到底什么意思？绝境逢生吗？遇到绝路才想到生路吗？

为什么只有绝路才是路？有人说："绝路是现实的路，其他路都是虚幻的。"什么意思？还有人说："绝路才会去走，其他的路都不会去走。"感觉生活好像有很多种选择，其实没有选择，一直在随波逐流地混日子，表面上风光无限，开着豪车，穿着名牌，可实际上银行里有多少债务只有自己清楚。每个月还要想尽办法弄钱来发工资，还要忽悠客户买你的产品和服务，你有选择吗？最终你被逼到了绝路上，你以为这是死路，其实绝路才是你真正的出路。好像你有选择，其实你没有选择，命运早就给你安排好了。

例如，选择伴侣，当时好像是从无数个对象中选了一个，好像是精挑细选的，其实你选什么了？表面上每个人都差不多，可你看不到任何人的内心，所以当两个人在一起过日子时，就开始后悔，当初怎么没看清楚对方，可见你根本就没有选择。如果你今天结婚了，你回忆一下，当时你有选择吗？那个时候是没有选择的，就在这个圈中，一个点出现了，然后与另一个点结合了，无论你换哪一个点，你今天的困境一样没有任何改变，因为你从来没有入门过，你还停留在选择的层面。不是靠吸引，你怎么可能选中你想要的人呢？

许多人问婚姻是怎么回事？有一种回答叫"责任感"。啥是责任感？责任感是蒙人的，被逼无奈的人才会说责任感。许多人结婚是怎么回事？都是当时一个人，孤独寂寞，需要安全感，需要找一个人来陪伴，所以就一直跟着一个人，时间长了也就结婚了。这没有选择，只是习惯，简称"负责任"。然后你会发现彼此性格不合，最后闹到了婚变，这没有选择。你在结交朋友时也没有选择，你在你的圈子里就这样混了。上学呢？没有选择。就业呢？没有选择。你的人生就是这样过来的，细思极恐啊！所以人生好像有选择，其实没选择。你不愿意这样生活，不喜欢这样的家庭，不接受单眼皮，你有选择吗？没有选择。所以我们在人生的漩涡中，如何做到乱中入定呢？进入我们第二个入门法则：

◆入门法则 2：只有选择绝路才能激发自己的智慧，自己的潜质，才能超越那些在走常规路的人。

那些走常规路的人还没有入门，他的潜质还没被激发出来，他整个人生是混沌的，是被束缚的，他看不清自己的方向在哪里，他不明白人生究竟是什么？

很多人都想成功？可什么是成功？怎样才能成功？有人说："成功就是要勤奋。"可是有多少人比你勤奋百倍，可还是死在了创业路上。有人说："看名人传记，学习他们的智慧。"有多少人就是因为看书看成了傻子，他们陶醉在前人编织的美好故事中，想象着自己有朝一日也能像这些名人一样功成名就，这是自欺欺人。还有人说："去学习成功的商业案例，找高手设计商业模式。"所以他们到处去找好产品，好模式，发现机会来了就冲进去交钱加盟，仿佛成功就在眼前。可结果呢？有的还是一败涂地。

在《入门》这本书中，我们不谈那些虚的东西，我们需要把过去那些混乱的东西统统放下，想想怎么才能逼自己进入绝路。记下来第三个入门法则：

◆入门法则3：成功都是无中生有，都是走自己能力不够的路。

想想那些成功的老板，当时谁有能力？谁有资金？谁有人才？都是在咬紧牙关摸着石头过河，最终做了一个当时看起来根本驾驭不了的事情。马云在推出淘宝的时候完全是背水一战，根本就没有物流支撑，用支付宝做担保交易的时候更是战战兢兢，怕没人使用；李彦宏推出百度竞价排名的时候，甚至不惜与整个董事会翻脸，因为所有人都不看好这个项目；马化腾在推即时通信软件之前心里完全没有底，为此腾讯内部推出多个微信同类 APP 产品，以求在市场竞争中最终能保住一个，也就是现在大家都在用的微信。他们都做出了超越自己能力的决定。

别人不愿意把钱分给员工，但是你分出去了，所以你成功了，这就叫无中生有，这就是绝路，你把这个搞明白了，你也就慢慢进入状态了。因为常人都不会主动选择绝路，这是秘密，天机不可泄露。有多少事情都是被逼无奈走上绝路才成为生路的？许多人在创业中做着可以驾驭、可以掌控、可以规划的事，例如开个杂食店，开个超市，开个公司，那都是在玩儿，玩来玩去结果都是一样的。

有这样一句名言：做别人不愿意做的事，走别人不敢走的路，你就能凌驾于任何人之上。只有绝路才是路，首先把这个法则要整明白了。

例如，你的产品成本价 2000 元，现在卖 2800 元，还要控制库存，同时还有新款不断上市，你怎么做？别人看完《入门》这本书，直接降到 1800 元卖，立刻赔 200 元，因为没人会这么卖，谁都会算账，这是亏本的买卖呀，这就是常人的思维，要先保本，所以常人就会在商场的乱局中沉浮，他们会想着保本或者少赚点儿，根本不敢想直接赔 200 元，一般人都不会这么干。所以赔钱卖的，就可以在第一时间把货清掉，不压货。前期靠大量的走单获得人气，之后设计加入一款单品，价格上涨，就会开始赚钱，就可以补贴前期的损失。最后量大了，钱也赚了，路也打开了。所以高手永远不会把产品卖到剩，而是永远不够卖。

许多人看到这个例子，都不敢这么做，因为他们还没有走进绝路。

等到他想明白了，想去模仿的时候差不多这种模式也停止了，也根本不赚钱了，如果思想还没转变过来，那早晚都会陷进去。所以"高手卖东西永远保持不够卖"，这句话能理解了吗？

不是让你仅仅降价这么简单，这是一种思维意识。如果你看不懂，那就停下来，静静地发一会儿呆，也可以去"道禾大学堂"公众号选择静心小程序，试着静心15分钟，什么事都不要做，就是发呆、静心、冥想、禅定，任何一种状态都可以，之后看看会不会想明白一些。然后你再看本书上面的内容，直到你突然开窍醒悟，当下你应该怎么做？然后你会发现自己心跳很快，情绪变得很激动，此时赶紧用自己的语言把这个思想记下来，因为这是你自己生发的智慧，过3天后你再翻看一下，如果还觉得很振奋，说明此事能行，那就开始行动吧。所以只有绝路才是路，写上新的入门法则：

◆入门法则4：成大业者就是迷上一个人，迷上一件事。

很多人在课上听我反复说过这句话，这里面有什么？有乐。成就大业者，不仅迷上了一件事，同时还迷上了一个人。也就是说有一个人吸引你了，你爱上一个人了，同时就会爱上这件事，爱上这个人。人生不就是这点儿事嘛，你琢磨透了，把原来那些梦想、规划、目标放一边去，你迷上不就行了，再说白一点儿，就是你喜欢上一个女孩，你为了她行动了，为什么爱情的力量可以解救人，也能降服人呢？看明白了就行。

二、乐此不疲

开始从被逼无奈到学会主动掌控，这就进入了一个新的状态，就是"乐此不疲"。

传统世俗的眼光认为，凡成就事业者要有境界，有高度，有使命，有梦想，要有毅力坚持下去，最好能坚持 10 年，20 年……这是鬼话，以后听到这样的话，直接写上："此乃一派胡言。"

怎样才能成就大业呢？我们来破译一下。一个人能 40 年做一件事情是因为他能坚持住呢？还是因为他觉得很有意思呢？很显然，是因为他觉得很好玩，很有意思。他能 40 年做一件事情不是因为毅力，不是因为高度，不是因为使命，而是因为他乐在其中，乐此不疲。

谁能一件事情一直做下去是靠自己的毅力？靠自己的梦想？那都是鬼话，是骗小孩子的，是用来激励那些未成年人的。如果你是成年人，你就要看清楚。迈克尔·杰克逊靠的是坚持吗？是修养吗？还是因为靠乐呢？凡成大业者根本不是靠学习和坚持，而是靠乐，乐在其中就行。

为什么孩子每天要打游戏？因为他们从中体会到乐了。没人教他们游戏操作，他们会上网查资料，看解说，买书看，搜集各种游戏技巧，从而获得更大的乐。这需要坚持吗？打游戏需要坚持吗？所以娱乐业永远是最稳定的产业，因为人人都需要从中得到乐。想想你小时候学骑自行车的状态，你是被逼的吗？

企业要让员工有行动力，就要有乐。我在《弦外之音》的课上说过，人行动有两个动力：一个是有意思，一个是有意义。这是人行动的核心秘密，让员工行动就是让他做的工作有意思，做的工作有意义。怎样才能有意义？就是让员工可以从中能够成长，能获得经济效益，能开开心心地工作。整天搞培训，搞绩效，可是整了几十年一直都整不明白为什么员工不忠诚，不开心，总是离职，如果你能知道，让员工乐的道理，就明白原因了。

我在道禾品牌课《万能语言》上反复说过经营企业就是经营氛围，经营企业就是经营状态。一般老板都听不明白，其实很简单，只要氛围好了大家才能打开心扉，才能有乐；氛围不好，大家都彼此屏蔽，都关闭着心门，哪来的快乐呢？所以让员工做一些有意义的、对他成长有帮助、有收获的事情，他们就会勤恳地工作，这企业能不好吗？所以记下来入门法则：

◆入门法则 5：人活着就为乐一回。

别人给他钱让他做的事他不愿意做，不给他钱不让他做的事，他开心地在做，这就是乐此不疲，乐在其中。那么老板，你以何事业为乐呢？请静心思考一下。如果一时间找不到，说明还有许多事情等着你去体验，但你终会等到，那个值得你乐一回的事业。

有人说："我以做房地产事业为乐。"你只要真的能乐在其中，你就能做好。如果你执着地想着发展，那很快就会毁灭。因为发展是要计算利润、回报、品牌、知名度、客户服务等，那会让你心力交瘁，焦头烂额。为什么国外的百年企业那么多？因为他们乐在其中只做好一件事，做好一个产品，把一个东西做到极致，这样他们从中感受到了乐。销量是自然而然的事情，因为这种乐的能量是可以传递的，消费者都是可以感受到的。

如果你在国企，或者你是公务员怎么办？许多人在国企都过得麻木不仁，感觉不到快乐，每天被束缚得很痛苦，现在你知道怎么入门了吧？如果你是国企的领导，你就要想：怎么把国企那些麻木不仁的员工唤醒？找到这种感觉，那么你的一生就像一道光一样照耀着每个生命，那你自己也会是圆满的。

不管你是经营什么行业的，无论是餐饮、饭店、家具、电器、超市，或是微商，你以什么为乐？经营团队就是经营人，把每年挣到的利润分给大家，大家都乐，乐了就更卖力地干活，然后大家都开上奔驰、宝马，家家都有自己的房子，那么整个团队能不乐吗？

有人说："我找不到以什么为乐怎么办？"那你是被各种思想教育僵化了。那怎么办？第一步是什么？就是把自己逼到绝路。一个人如果不是被逼无奈是不会改变的，人性本来就是懒惰的，是需要鞭策和激励的，而唯一能让人行动的就是逼到绝路。到了绝路就从中找到乐吧，否则你还想干什么？苦着一张脸，在绝路中骂娘吗？绝路会让你突破自己，然后开辟一条生路，当你从中找到乐的时候，你就成功了。

当你找到乐的事情的时候，你会愉悦、兴奋，你会放松，真正的放松，能量也会被激发出来。你就会像孩子一样充满动力，智慧也就激发出来了。所以孩子快乐的时候是学习力最强的时候。

所有的大智慧都是玩出来的，你做的事情都让你这么快乐了，还有什么是你放不下的呢？你做企业是为了快乐，那么你的企业肯定不是你的，而是大家的，这样的企业才能百年长存。

你的前半生或许不是很快乐，这不要紧，至少看完这本书能让你的后半生变得好一些，乐一些。你会从这么多"入门"的法则中看到一条对自己有帮助的，那我就很欣慰了。如果你能触摸到更多，那就更好了，这是一种很深的缘分啊！

所以智慧是简单的，凡是很复杂的东西都是知识，不是智慧。一个人没有幸福感，怎么办？找到自己的乐就行了，就这么简单。过去你看过许多书，上过许多课，都悟不出来，那是为什么？是因为你活在各种知识堆积、信息爆炸的时代，你的心是封闭的，而此书就是要拆除你思维固有的墙壁，让你那颗尘封的心开始醒来，这样你就可以与自己的潜意识对话。

你能理解什么是"坚持"吗？坚持这个词人人都会说，但坚持这个词不是人人都能理解的，因为你的身体没有体验到"坚持"，你就不可能真正明白，你头脑里明白的"坚持"都是假象，只有真正体验到了，你才知道什么叫"坚持"。

就像婚姻一样，你在没结婚之前，头脑里永远是美好的想象和画面，相敬如宾，白头偕老，夫唱妇随，这些美好的词语充斥着你的大脑，你尽可能地期待那些美好的画面。可当你真正体验到"婚姻"的时候，你才会真正知道什么是婚姻。

教育孩子也是如此。要培养孩子的欢乐，要培养孩子乐的氛围。小孩子在欢乐的氛围中成长，他将来差不到哪里去。成绩并不是最重要的事情，只要他开心就好，他一开心就能学什么会什么；如果孩子不开心，那他就不知道为什么活着？为什么学习？整天痛苦不堪，被父母控制、摧残，那这个孩子的未来将会受到严重影响。

　　作为老板，现在明白为什么要给员工一个乐，要有意思、有意义的乐了吧？你可能会有一千种方法或策略让员工快乐起来，因为你现在知道只要员工们一兴奋，一玩起来就会有成果。为什么我总是提倡企业文化中要每个月都有活动？就是要玩起来，不好玩就长不了，就会有内耗。你每天打鸡血，拼命背羊皮卷，拼一段时间拼不动了，靠敬业，靠牺牲，靠榜样，谁能坚持下去？持续的压制，就会崩溃，所以成大业者都是能在被逼无奈中逐渐找到乐在其中的方法。

三、明了生死

我们会不会死？有人说："当然会死。"你确定吗？你死过没有？你没死过怎么知道人会死呢？

正确的说法应该是肉身会死吧，那我们的肉身什么时候死？我要求你先写下来，写下你死的时间、地点、季节，年、月、日也都要写清楚。不敢写吗？根据一个人的体能、家族遗传、健康状况推算，人的平均寿命在85岁左右，大部分人前半生挥霍太多了，消耗太多了，透支太多了，所以假设你今年是30岁，那按照平均年龄计算，你还有55年左右就可以死了，人死是一件很正常的事情，这是自然规律。既然是天经地义的事情，那有什么好忌讳的呢？

大家都很不喜欢谈论死，这是令人忌讳的。这真的是无稽之谈，一个人连死都搞不明白，那你活着有什么意义呢？很多人活着，这个看不透，那个放不下，死死地抓着不肯放手。以后有什么想不通的，就到亲人的坟前坐一会儿，然后说："再过两年我就进来了。"看看还有什么放不下的，"再过五年我就进来了"，看看还有什么看不开的。

你可以这样写：

2072 年 3 月 22 日，春天，熟睡时死在家中。

2068 年 11 月 29 日，冬天，在英国的养老院死去。

……

这就是个代码，没什么好忌讳的，尽量写得详细点儿，是什么季节，在哪里，都写下来，写清楚，据说，现在世界上有两个国家是倒计时生活的，一出生就按 100 岁来算，出生过了 5 年，还剩 95 年，一直这样倒计时，还剩 65 年，还剩 25 年，还剩 15 年……这样活着的人会不会很珍惜时间呢？所以想一下自己还剩下多少时间，死之前还想做什么事，还有什么心愿没有完成。很多人从没计算过自己的死亡时间，以为自己还有很多时间，于是就去做很多事情，想那些宏图伟业，稀里糊涂地想着。其实你这一生剩下的时间能做的事也就这么几件：

把孩子培养成什么样子？

事业达到什么规模？

要赚多少多少钱？

死之前哪些事是你真正要做完的？假设你还能活 50 年，这 50 年里你究竟要做什么有意义的事情呢？

再生一个孩子？

成立一个慈善基金？

把企业捐给国家？

真美好，好像有很多重要的事情要做呢？生孩子是不是很美好？为什么这种感觉很棒？因为觉得自己还具有生殖能力，可以通过遗传基因来寄托某些东西，很多不自信的人都是通过性来证明自己，证明自己有老婆，证明自己存在，因为他不自信。再想想，你会发现人生就这么简单，结婚，生个孩子，做完一件事，有啥复杂的？

有人说在死之前什么都要去尝试，要疯狂消费，要快乐，要体验各种人生，要环球旅行。

有人说要把孩子培养成对社会有用的人，要让孩子成为企业的接班人，要让孩子继承自己的事业。

请仔细地想一下，死之前要做哪些事情，哪些是你想要做而还没开始做的。

当你想清楚之后，你就会感觉一下子变得非常放松，从容。

我在十年前就告诉自己死之前要成为一名导师，开设自己的大学。设定目标后，我就开始做这件事，什么也不去想，现在慢慢地成型了，我成为一名优秀的 NLP 语言导师，也创建了道禾大学堂，而且越来越好。我十年前就知道我能做成这件事情，然后我用心自然生活，很多人看不懂，没觉得有什么不一样，但是刚才有生发智慧的那些人一看就明白，这就是真实的人，他能立刻进入心灵的最高境界，叫作："心无挂碍，无挂碍故，远离颠倒梦想。"所以发生车祸、火灾、抢劫、杀人，你还紧张吗？当一个人可以明了生死，就什么事都看开了，放松了，就不会去想很多，然后就能自然地生活了。

关键是你自己想不想去做？如果你还剩下 30 年，你说你一个人要周游世界，那多痛苦，多累啊！旅游是非常累的，你跟旅行团走走就知道了，那叫受罪。如果有一群人，一群志同道合的人一起周游世界，那就会非常有意思。让风景成为背景，成为衬托人生的大幕，生活中就要一直保持这样的状态。

如果你很年轻，你只有 18 岁，就会有缘接触到这本书。如果你能活到 88 岁，你还有 70 年时间，在这 70 年时间里，你可以去历练自己的思想，而那些老人们就没有时间了，因为他们剩下的时间不多了，没法去解脱生死。所以成大业者，都是顿悟早的人。越早顿悟越有机会成就大业，顿悟晚的只能获得一些理论思想。这个道理很简单，如果你 30 岁之前把这本书完全整明白了，你就解脱了，就可以花 50 年的时间在自己身上历练，这是多么美好。

明了生死就是要你明白什么是死，死是怎么回事。你不写行不行，其实你写或者不写，我敢跟你保证，你的身体都知道答案，而且非常准确。如果你准备好了，写下来的时候大多数人写得都会很准，如果不出意外，上下差不了多少，你不用害怕这是在诅咒自己，你要学会把死看没，就是把死亡看没了。

人为何会死呢？死是什么意思？你们研究过吗？红尘中的死是什么意思？呼吸停止，心脏不再跳动，这就是死；肉身腐烂了，变成尘埃，变成细胞，这就是红尘的死亡。树木腐烂了去哪里了？回到地上去了。人腐烂了到哪里去了？还是回到自然界了。所以记下一条入门法则：

◆入门法则6：死亡就是肉身变成尘埃，又回到大自然，死亡就是回到本来状态。

本来状态是什么状态？本来状态就是指最小的尘埃，物理学中最小的粒子，这些元素后来组合进化成了人，这就是肉身。

为什么说土里会长出小草，长大了，又枯萎了，第二年，春风吹又生，就这样生生不息，每年都长，是因为小草里的灵一直都在，灵没有变。人也是这么回事，生生灭灭，地球也是这么这样，一次次灭亡。一会儿喜马拉雅山下去了，一会儿大西洋升起来了。每一个下面都有一个文明，这些科学都探明了，北极和南极下面都掩盖着城市，地球轴是会变动的，人也会变动的，这是宇宙规律。当你把这些简单的东西看明白了，把生死看透了，剩下的就是生活。每天没有其他什么事，没什么好计较、好攀比、好纠结的，回到最简单的状态就是一。所有的修道最后都是回到一，道生一，一生二，二生三，三生万物，这句话以前你肯定搞不明白啥意思，现在直接让你明确生死，把死亡看透了，你就明白人生就是回到本来状态的一个过程，当你真正明白了这一点，你做任何事情都会活在当下，所有事情都会与万物链接，给人带去的都是快乐。

四、看破红尘

这四个字是不是有很多人在用啊？看着非常舒服，很美。有人说这书能不能给孩子看？为什么不能？如果孩子从小这样教育，一开始会不懂，到八岁、十岁他就会跟上。当孩子通了以后，他以后做任何事情都会看破，就会生发智慧，或许你会问："既然看破了，那就与世无争了，就会走向消极吗？"我告诉你，一个人如果没有生发智慧而看破的，就叫假看破，那才真消极，如何区分这两者？

看三点：

1. 首先记住一句话："所有过去都是负担，不管好坏。"你看那些很漂亮的小姑娘会经常回忆吗？不会，因为她现在很美。凡是回忆的都是老姑娘了，都变丑了，当自己人老珠黄的时候，回忆过去自己如何美丽，花一小时、两小时回忆。回忆之后会怎么做？和现在做对比，越想越痛苦。第一，她错过了当下；第二，她与以前相比更加失落，这对自己生命来说就是一种负担。难道不是吗？你还在回忆过去老公对自己多好、老婆多么年轻貌美吗？那你是假看破。

2. 未来是什么？存在还是不存在的？未来是虚幻的，那现在呢？现在是存在的，所以很多人就让你"活在当下"，这是假看破，是没有生发智慧才说的话，让你活在当下，就是把你给整没了。

3. 当下，是一切临时的组合，今天你在办公室上班，你与其他生命体临时组合，你们夫妻生活在一起，顶多是临时组合几十年，你生个孩子临时组合在一起，也就是不到百年，最后都会分离，所有的分分合合都是临时组合，所以说什么活在当下呢？

什么是看破，看破就是明白："过去是负担，未来是幻想，现在是临时组合。"那还剩下啥？你还能干啥？记下入门法则：

◆入门法则7：什么都没有意义，我们只能做一件事情，随风浪起伏，好好玩。

以后你再听到有人和你讲人生的意义，那都是蒙的，他自己从来就没明白过什么是人生的意义，你问佛祖人生的意义，我猜佛祖会说："和合无常，一切如是。"你不要说明白了，你大脑理解的很有限，问问你的心是不是明白了这个法则。

什么叫好好玩？我给你提示一下，所有的意义都不是我们自己说的，那么是谁说的？这个历史有没有意义？是当下评论还是后人评论？

当你盖棺之后，后人评论你是怎样的人就是怎样的人，你自己能说这是人生的意义吗？无论你现在对这个世界做怎样的评论，那都是鬼话，待后人评论你吧！即使现在给你的评论是好人，或许5000年后的人给你的评价就是坏人，一切都是无常的，就像量子物理学，你永远无法提前判断结果是什么，因为世界就是处在变化之中。

所以什么都不要去乱想，瞎想，这都毫无意义。我们要妥善地保护自己的思想，不要想着过去、现在、未来，那都没有什么意义，只要你正常做事，企业正常发展，该怎么样就怎么样，一切顺势而为，随风浪起伏，有钱赚挺好，赔钱也没什么，因为这都是在玩，都是人生的游戏。老公对自己好那就接受，老公对自己不好那就顺其自然，因为这个好与不好都是由自己评价的，你在乎的东西，别人根本不在乎，而且本质上来说对你的生命历程也没有任何意义，只有不去乱想才会让你更快乐。

当你在公司团队给员工讲梦想时，你要记住一切有形的梦想和目标都是讲给别人听的，当别人很兴奋的时候，自己要很平静。梦想跟自己有没有关系？有，可我就随风浪做游戏，人生就是好好地玩，同时保持内心的平静。我一直在倡议"全球515静心活动"，就是动中静。怎么才能动中静？只有彻底看破，真正看透之后才能真静。究竟怎么看破？三句话就可以了，可我现在不能告诉你，因为你想马上得到答案，这样的话智慧就会消失，你只会得到知识，而知识对你的生命毫无用处，放松下来，急什么呢？

都说了要好好地玩，游戏人间，慢慢来，有缘的自然会得到，没缘的也就算了。有些人花了十年、二十年"修行"都整不明白，你希望得到三句话就明白了？你看这么快干什么？看完做其他事情吗？看《入门》这本书是要慢慢品，慢慢悟的。

语言和文字无论怎么表述都无法精准地表达原意，所以写这本书本身就是很痛苦的，书中的内容很容易被人说是忽悠人的，我当年学的时候也费了好大的劲才搞明白，当时我是全然的敞开。可你的心是封闭的，我进不去，只能通过文字来拨动你的灵性，看看你能不能从中悟到些什么东西，同时你要每天做515静心，只有这样你才能获得智慧，把自己打通。

很多人学习这个，学习那个，希望拿到直接有效的干货来让自己解脱，结果还是在痛苦中徘徊，一生都没整明白，一切都是临时组合。不是有句话说"天下没有不散的宴席"吗？你怎么就搞不明白呢？结婚那天早晚都会分手，早晚的事，要不她先没了，要不你先没了，要不她先变心，要不你先变心，它只会往坏去变，不会往好变，这也是量子物理学中最经典的"熵增定律"。一切有序的物质最终都会走向无序崩塌，任何生命体不断地从有序走回无序，最终不可逆地走向老化死亡。宇宙中所有物体无一例外，地球这个星体最后也会走向自我崩塌的一天，时间早晚而已。

当什么都没了，就代表什么都有了，然后就会有新的地球出现。所以我们要进入一种状态，就是随时想用就有，不想用就没有，随时可以成形，也可以随时化为无形，随时造境，随时化境，这句话好像很深奥，其实非常简单，就叫"无中生有"，想有就有，想无就无，想用就用，想不用就不用，这就叫看破红尘。真看破的人才能明白这些话，是身体真正明白。真看破就会看懂这一切都没有意义，什么成就，什么财富，什么权利，那都是过眼云烟，然后你会听到别人说你这个人很真实，你是真正地活着。事业很成功，人很幸福，都是自然而然的事情，这就是看破红尘。当你处于这样的状态时，根本不会有其他乱七八糟的事情发生，因为一切都是临时组合，和谁组合都是一样的。一个人的智慧不存在好与坏，没文化，没上过学的人，你把这本书念给他听，他一样会顿悟。如果你还停留在头脑里，就算学到博士生导师，照样不会有境界。你看博士生导师多累，累得吐血，也没有什么改变，红尘就是这么好玩。记下这条入门法则：

◆入门法则8：人生就是各种细胞的临时组合，日子就是缘起缘灭，结果都是零。

当你真正明白以后，你会发现我所说的就是让一切与你无关，从而让你处于局外。而这本书的目的也只有一个，那就是让你真实地活着。活的自然点儿，健康点儿，通透点儿，不要太纠结赚钱或者不赚钱，成功或者不成功，那都是临时组合。只有真实快乐地活着，存在着，人类才能不会被毁灭，被沉入海底。人的意念是很强大的，如果我们活着不幸福，很累，不愿意上班，还想着要赚很多钱，要争这个，争那个，那这股负面的能量最终会毁灭一切。

如果你看破了红尘，心是平静的，每天上班做好自己的事情，够吃就好，够穿就行，拿出五分之一或者八分之一的时间发发呆，或者做一些让自己快乐的事情。如果每个人都处于这种动中静的状态，人类的世界才会越来越美好。其实一切都非常简单，想要幸福，就要进入真实活着的状态，那样宇宙才会知道地球是活着的。这是一种不生不灭的状态，圆满的状态。一个人有没有智慧，就看他心里美不美，自不自由，有没有爱的能量在散发，有没有创造一个氛围让身边的人也像他一样快乐，这样的人就是有智慧的人。

每天，你心里都装着许多事情，吃饭的时候有事，睡觉的时候有事，看完这本书，你就会看透，突然间没事了，整个一天都是蒙的，似有似无。再经过一段时间，你会去想过去的事情，不管好坏都没有意义，然后你就会慢慢淡化，放下，然后不再提过去的事情，对未来也不再有憧憬，因为你知道也就剩下这么几十年了，做什么都没意义了，所以你什么都不去想。

五、经历局外

经历局外是什么意思呢？许多人看不懂这句话，因为他没有经历过，只有经历过才能放下，才能释然。

你有几个女朋友？你有几个男朋友？如果有人问你这个问题，你脸会红吗？会不会不好意思回答呢？会觉得很唐突吗？这个问题我在课堂上问过，有人站起来回答说："我有过5个男朋友，还有过2个女朋友。"为什么她会如此放松呢？因为她经历过这方面，她此刻的性情是淡然的，是超脱的。

如果你从来没有去过鬼屋，你第一次去玩肯定会很紧张，会很害怕。但如果你是里面的工作人员，每天进出30次，你还会有恐惧吗？还会害怕吗？你会以旁观者的身份，麻木地看着每个人大呼小叫地进进出出。因为你经历过了，你才能超越这件事情，鬼屋的恐惧才能与你无关，此时你才是一个局外人。

　　没有经历过钱财富有的人，就无法跟钱无关。没办法，他们无法明白钱究竟是怎么一回事儿，他还是会死抓着钱不放。如果他买彩票中了1000万，他怎么能跳得出来？怎么能身处局外呢？肯定还会处于兴奋、激动、幻想的状态，只有经历过财富，才能超越财富，才能在对财富的感觉上与别人不一样。不管是生活上，捐款上，购物上，都会是另外一种状态。就是这么一回事儿，没玩过的东西当然觉得稀奇，玩腻的东西当然就出局了。

　　你想潇洒，你想有气质，你都没经历过，要什么气质啊？很多人在政府机关，追求权力，为什么呀？因为他没有，所以才想着要权力，才会迷恋受人尊重的感觉。一个人有了权力之后就会想着放下，想身处局外，没有过权力，就很难放下对权力的追求。如果你有点儿权力之后就马上放下，把权力让出去，用最短的时间、最快的速度放下对权力的迷恋，那你就超越了，这样就能与你无关，才能局外。

　　举个佛祖的例子。

　　佛祖在出家前有没有权力呢？当然有，他当时是太子，只要他想要，可以立刻成为这个国家的国王，这个太子多优秀，多厉害，国家都归他管。可是他超越权力，不要了，权力与他无关了，他身处局外。那美色呢？宫中美女如云，不是说佛对女色没有感觉，他也是可以娶妻生子的，可他经历太多了，没意思了，看什么都一样了，能不跳脱吗？至于财富，更不用说了，他拥有整个国家的财富。可他超越了这些，超越财富，超越美色，超越权利，更牛的是佛祖的学识。他在 15 岁之前就把该学的都学完了，红尘中所有的知识都学完了，就像比尔盖茨在 9 岁就把百科全书看完了，没啥好学的，不知道学啥了，那怎么办？佛陀只能与高手过招，可这一过招把高手都超越了，后来又发现高手的这些学问都是伪学问，是知识，不是智慧，不是世间的真相，所以他还要超越。最后他在外面已经寻求不到答案了，他只能向内看，最后悟到了，才成了佛。如果这些你都没经历过，你说你向内看了，你就能成佛吗？怎么可能嘛！你怎么无关？怎么局外呢？所以写上入门法则：

◆入门法则 9：要想获得智慧，必须完美我们的人性。

完美人性就是要满足并超越我们的欲望。只要是人就有贪性：贪财，贪色，贪名，贪利，贪吃，贪睡……所以无法触摸到根本的智慧。我遇到过一个学生，89 年的，年纪很轻，却天天钻研工作，别人都在花天酒地，他却无动于衷，为什么？因为他在 19 岁之前早都玩过了，觉得没意思了，他看这些都是物质，早就超越了。所以只有去不断地历练，让体验充满你的人生，你才能变得更完美，才能进入无关和局外，也就明白了入门的核心思想：人生就是经历的过程，经历什么就会从中生发出什么样的智慧。

一个人如何经历？

1. 你此刻的收获就是你最大的经历

举个例子。你是二婚吗？还是三婚呢？没有离过婚的人，永远不知道二婚怎么回事。你想要在婚姻中获得智慧，就要进入他们的生活，不是让你去离婚，而是让你进入他们二婚的生活，三婚的生活。你想要知道是怎么回事儿，就要去历练，去经历。为什么警察要跟三教九流、五行八业的人混在一起，他需要去经历，经历了才能明白人们的犯罪动机，才会明白他们的所思所想。例如，你没有看过《万能语言》这本书，无论你看多少本书，《万能语言》对你来说都是一个谜，一个你永远解不开的谜。如果你已经看过《万能语言》了，这经历本身就会让你获得智慧，掌握神奇的语言结构，这也是你人生最大的收获。

如果你没听过我的《弦外之音》这门课，你再怎么看笔记也是迷糊的。你会说我没上课难道是我不对吗？错了吗？实际上你没有错，只是你永远触摸不到生命是怎么一回事儿，你会活得颠倒梦想，人生也就不会圆满。这不是危言耸听，也不是让你非要去上课，而是让你有机会跟着我去体验，去经历，行万里路，才能阅人无数，跟着道禾大学堂周游世界，才能明白什么叫生活，什么叫智慧。

2. 在红尘中破碎

人生有几种状态：

A. 一直处于破碎状态的人

一般来说，这种人看到一个女人在放屁，就会直接说出来，这是不文雅的、没有高度的、没有素质的表现，但对这类人来说太正常了，这是他们说过最文明的话了。你和他们面对面坐着，他的脚是不是已经摆上来了？他对文明有自己的认识，他根本不管你怎么看他，这种人生叫什么来着？风尘人生吧？这种人称为风尘男女，反正就一直这样了，破罐子破摔。这种人很不本分，整天打打杀杀，三陪四陪，这种人或许会被称为坏人，对吗？我们会说这样的人不是个东西，这种人会有智慧吗？不会的。

B. 前半生破碎，后半生复原

这样的人挺多的，前半生放荡，放纵，桀骜不驯，什么坏事都干过，你想象不到的坏事他都做过。全方位的，拉个皮条都是小事，吃喝嫖赌毒，什么黑暗他干什么，香港影视圈许多大佬都曾有过这些经历。著名歌星麦当娜四年换了一百个男朋友，她有一个感慨，就是这个世界上有一个人她勾引不了，这个人就是迈克尔·杰克逊。她连续三次参加迈克尔·杰克逊的聚会，每次都找他，可他就是不动心，没感觉。她说这个世界上只有一个人她摆不平，剩下的都摆平了，不管什么总统，总理。这些就是她的前半生，完全破碎的，可后半生她复原了。这种人非常厉害。

C. 一边破碎，一边复原

最后一种人是真正的高人。像汉朝的皇帝刘邦，明朝的皇帝朱元璋为什么能走出来，最后成为一代君主，因为他们都是一边破碎，一边复原的高手。他们在红尘中历练，最后超越红尘。所以记住一个入门法则：

◆入门法则 10：深入红尘，被红尘击碎，继而超越红尘，才能有智慧。

你现在不让孩子喝酒，你看他将来长大离开家喝不喝？你没办法控制的。很多家长就是傻，你好好想想？孩子在家破碎好，还是在外面破碎好？在家喝酒，喝多了就躺床上睡觉，他体验到喝酒很难受，他下次就会有觉察，就会自我控制。如果你在家看得很严，他在外面偷偷尝试，结果在外面喝多了，闯了祸，你后悔都来不及。这个世界上被动破碎的人慢慢都会被消化掉，真正的高手都是主动破碎。有人说："我想在后半生体验各种角色，一会儿当乞丐，一会儿当富豪，一会儿当皇帝，一会儿当农民，整两块地，两匹马体验一下。"这样很好呀，是非常棒的经历，这不就是体验人生吗？

3. 你的人生是你经历的总和

有个老板，说他经营一家物流公司、两家酒店，有两个孩子，一个太太，同时还有过其他一些女人，这就是他的人生。说透了就这么回事，没什么神秘的。你的经历总和加在一起就是你的人生，看明白了吗？

　　没必要藏着掖着，没什么了不起的。你的一生就是看你经历了什么，创造了什么。没有那些经历，你的人生就不丰富，就不立体，就无法获得智慧。这辈子没有经历的事，下辈子还是要继续经历的，所以你想要一个立体、丰富、博大的人生，那就必须要多经历啊！

　　至此明白一个道理，不是你想最终成为一个什么样的人？而是看你这一生经历了些什么，经历完过后，人家给你加一起，之后一沉淀，写下你的墓志铭，然后你就去世了，你的坟墓上就写上这么一句话：×××，干过什么事，怎么回事，什么头衔，有哪些业绩。这些经历加一起，就是你这一生的总和。我们说人生不带来，死不带去，可有一样东西会随着你的死亡带去下一个轮回，这就是你的这些经历，它会妥善地保存在你的"阿卡西记录"中，跟着你去经历下一个肉身。如果一个人平平淡淡过了一生，那你的这些经历就是苍白的。

　　我不是叫你去找很多人结婚。大部分人最多的经历就是周游世界，阅人无数，所以跟着道禾大学堂走遍全世界，你的人生就是立体的，丰富的，多元化的。你不去经历，怎么能对一切淡然呢？你不阅人无数，怎么能跟人相处呢？老板不阅人无数，怎么能看懂人？你学九型人格，学生命密码，你不去经历，就能看明白人性吗？就能把人经营好吗？怎么可能呢？

所以人生一定要去经历。你去南极待上一周时间，然后回去和别人见面，你会发现你的状态完全不一样了，因为他从来没有经历过，你经历过了，你的能量都要比他强。为什么老板站在你面前，会有一种威严感？是因为他看的比你多，经历的比你多，就这么简单。

4. 影响人最终靠的是陌生的力量

一个人为什么可以影响另外一个人？因为他对一切感到陌生，感觉神秘，因为那个人身上有许多他不知道的东西。许多事情你知道，他不知道，他就被你所影响了，他只能听你讲，而他却什么都说不出来。有人去过南极吗？我去过南极，所以我就能跟你讲南极是怎么回事，你就被我影响了，征服了。

影响员工知道靠什么吗？很多人搞不明白，就知道老板比自己有钱。老板的经历让他觉得一天有个三五千万的很正常，而普通员工没有这种经历，没有这种感觉，他听到了就会发怵，发晕。

一个人看上去比你有魅力，有气质，就是因为他对这些完全不陌生，举手投足都是很自然的事情。他比你熟，而你比他生，你还在模仿，当然你会被他影响。

所以我们最终所学的智慧都要用到哪里去呢？就是要用到红尘中去。记住一句话："以红尘为用，以红尘为体，以红尘为相。"当你看一个人说的话，写的书，都弄得文绉绉的，咬文嚼字，都不能用生活化的语言来书写，就是不说人话，这就代表他是一派胡言。说话的智慧要以红尘的事为体、为相来表达，写书要以生活化的语言和事例来写。

为什么中国说书的喜欢讲春秋战国的故事？导演们总是拍唐宋元明清的电影，什么唐太宗、乾隆的风流韵事？他们为什么不写今天的事，拍今天的生活呢？因为他没有经历，所以就不会写今天的东西。最近的电影和网络电视剧为什么可以那么受欢迎？因为有高手在经历或观照后用最普通的语言，借由老百姓的吃喝拉撒表达出故事的内涵，这些都是在用红尘中最普通不过的事情来表达思想和智慧。

在很多培训公司，真正的高手讲课都是在"聊天"，放大的聊天，如何把那些最普通的事，在嬉笑怒骂之间上升到无限高度，难就难在这里了。讲课的境界不低俗，不世俗，气不破，把握好分寸，显现出你的境界和高雅，这些都是我在《演说智慧导师班》里帮助每个导师去刻意练习的。真正的高手是用最简单的话，表现出幽默、高度、境界，在谈笑风生之中把道传授完，这是每个讲师都需要历练的事情。获得智慧的路上是非常微妙的，稍稍弄不明白就世俗化了，就没感觉了。

所以不管是政治家、领袖、艺人、导师，能不能成为伟大的人？一个诗人怎么写出伟大的诗篇？是改变方法还是改变心态？人所有的改变，都是心态的改变，我们要做的就是改变心态，心态超越了就是真正的超越。我上面讲的被逼无奈、乐此不疲、明了生死都是心态的转变，改变心态的唯一法门就是跟红尘打成一片，而不是被红尘所转。

一个与红尘打成一片的人，就是一个有生活的人，他能超越一切。他说话就有人喜欢听，说话让人听着上瘾。为什么你们参加我的《万能语言》会上瘾？因为你渴望生活，你渴望真实，你渴望融入。你过去活在半空中，而到我这里的感觉是如此的温馨，你从我这里生发了智慧，所以你喜欢我的课程。难道不是吗？

所以这么多年来，我一直在做一件事情，就是教会人们学会讲话，学会运用《万能语言》。这些本来就很会生活的人，稍微一点拨，他们就悟到了。跟这些有智慧的老板们对接，就是和他们打成一片。如果你没有打成一片，高高在上，以为自己是个无所不知的圣人，那你只是一个痛苦的孤家寡人，你绝不可能获得大智慧。真正的智慧就是从红尘中来，回到红尘中去，与每个生命链接，与每个人打成一片，体验他们的生活，经历他们的故事，你才能一边破碎，一边复原，最后让自己变得通透，这样你就开始真的入门了。

六、心维空间

心维空间是什么？就是让你的道路跟你的心直接链接。什么意思？就是"超越语言、文化、宗教，直接用心去感受的某种维度空间"。

例如，有人去美国旅游，人家问去美国有什么感受，他如果把网上别人写的那些内容说了一遍，这就是进入了文字，进入了书面维次，这都是别人事先写好了，他没有新的东西，没有自己的感受，没有让自己的心来给予答案。

如果以后你跟随我们环球旅游，请不要看任何文字资料，尽量保持陌生，不要看它的历史，不能看，一看就完了，你回去后再看。你明白什么意思吗？你要去看一个电影，不要听别人评论，不要看简介，而是直接带着神秘感去看，尽量用心去体验导演表达的是什么，看完后再去看电影评论，这样你就能用心去体验，你就能进入心维空间了。

为什么大家喜欢看足球直播？如果等到第二天看重播知道结果了，那这个球赛没法看了，不会让你有多大的感觉。为什么球迷们要在凌晨三点起来看球？就因为这个原因，直播就是进入心维空间。

很多老板出国旅游，把导游的大脑变成自己的大脑，把导游说的话变成自己说的话，无法讲述自己的观点，这样的人怎么能当老板呢？你不用去听，而是去感受。你来到一个陌生的国家，看到那里的国民在走路，一个人大步流星地走过来，爆发力很惊人；去罗马，你看到每个人走路的气都要散了；去印度，每个人吃喝拉撒的状态，都在举手投足之间表现了出来。这个国家显什么形？显什么相？背后推动的文明是什么？你一下子就能明白，这是看多少文字都得不到的，这需要用心体会，这就是进入心维空间。

这个好不好学？很好学，不是吗？很简单的。所以，以后到任何地方跟任何人相处，都先带着陌生感去用心体验，然后再去看相关资料，你就会在心灵上、灵性上变得很丰富，你开口讲话就会有杀伤力，就会有深度。弄明白这个，你就是高手，你的灵性就在飞翔，你获得的智慧就是一日千里。

大师把他进入心维空间的体验写成文字，你直接看他的文字怎么能读懂他真正的内心世界呢？老子讲道德经，你还看道德经，这没有用，你只有直接体验"道"就可以了。所以有些人看书很快，因为他只要翻三页、五页，就能进入作者的频道。当你看道德经的时候可以直接进入老子的心维空间，去感受老子的感受，而不是理解老子的文字，这就是心维空间的核心：直接进入大师的内心世界，而不是看他的文字。

读《心经》的时候，说"行深般若波罗密"时，你还在用头脑研究什么是"行深"吗？行深是一种状态，就是走神，就是发呆，走神的一瞬间就是"行深"的状态，无意识了，灵感只有在大脑停止作用，或者减慢的时候才会出现，所以行深发呆的时候就能照见五蕴皆空，无眼耳鼻舌身意。眼睛不知道看哪儿了，你发呆的时候知道自己看哪儿吗？不知道。吃的是什么味道？不知道。走神的时候蚊子叮你知道吗？不知道。这就是无眼耳鼻舌身意，无色声香味触法。既然什么都不知道，自然也就进入了无意识界，自然也就无忧无虑，还会有生老病死的烦恼吗？当你用心进入心维空间的时候，《心经》是不是就很容易理解呢？

如果你还在看图解《心经》，图解《金刚经》，那都是写书人在蒙，他们只是通过文字在写文字，这是最危险的。我们只能是做个参照，这些就是我们过去的学习方法，只是去理解文字，理解所谓的高手、大师的方法。看《入门》这本书，如果你也只是去看文字，那无法与我内心连接，恐怕也是白看，不会有收获的。

现在我们要学会直接进入大师们的心灵频道，然后再去理解，你就能发现智慧是怎么一回事，你就能明白"本为一体"。你随便把一个男人和一个女人关在一个屋子里，不用语言，两个人一比画就全都明白了。不同国家的人听一样的音乐，听着听着动作就一样，这就是进入相同的频率，都在心维空间中。

所以，为什么我一眼就能看穿一个人？因为"同体连心"，真正的高手都是用意念去对接。为什么两个人在一起说话，灯关了更容易了解？这是在直接进入，是在用意念沟通。看不见文字，就能彼此进入心灵频道，就这么简单。远古时候的人都具备这种能力，而现代人的这种能力越来越退化了。

回顾一下，《入门》第一篇讲了什么？第一是被逼无奈，第二是乐此不疲，第三是明了生死，第四是看破红尘，第五是经历局外，第六是心维空间。你从无奈到超越，找到了自己的乐趣，明确生死，然后在红尘中历练和体验，最后打开心维空间。如果这些核心你都感悟到了，你就会发现你触摸到一些根本了，智慧也逐渐打开了，这就是开悟的感觉。

许多人说，看书大概知道是怎么回事，可真要去做还是有各种障碍，那怎么办？要怎么一步步地拿掉这些障碍，让自己触摸到根本呢？让我们进入《入门》第二篇，一起拿掉入门的障碍。

　　真正获得智慧的人，他们都不是修出来的，是历练出来的。在历练的时候，他们都有一种东西，就是他们的状态，进入那个状态，历练才会有结果。

　　什么是状态呢？这就是我们《入门》第二篇来帮助大家破译的。

　　复杂的人和纯洁的人，哪种人第六感更强一点儿？答案是纯洁的人。那么率真的人和虚伪的人，哪种人更有智慧？率真的人有智慧。所以有大智慧的人都是纯洁的、率真的人，这样的人被称为"真人"，真实的人。

　　"真"是一种状态，当你进入这种状态时，你去历练才能有智慧。当不能"真"时，不管学什么，跟谁学，都是无法成就事业的。一个人还没有进入"真"的状态时，一切都不会显现，他只会应付大脑理解的词语而已。

　　所以，首先要学会做个"真实的人"，就像刚出生的婴儿一样，要做一个活生生的人，没有任何虚伪和造作。人不"真"，什么都不会产生。你是水，对方也是水，双方才能融合，如果你是虚假的，你是油，对方是水，你和他永远无法融合，凡是假的人都无法融合。

我们有多假？大家心里都很清楚，假习惯，假思维。我这里说的"假"不是装假，而是指你在用大脑而不是用心去感受。想想自己在台上是什么样子？你一直扮演着"假"人。为什么你进不了"真"的状态？是因为在你身上有许多障碍物，阻碍你成长的点，阻碍你入门的框，这些都让你处在虚假中。

你说你看不懂，没事，慢慢来，第二篇的内容会稍微再高一点儿。总之你不要多想，看书累了，就放松一会儿，晒晒太阳，吃好，喝好，每天运动运动，慢慢地放松下来再看。当你完全放松的时候，你就会逐渐触摸到一些东西，一切都会慢慢显现出来。

如果你想要做个"真人"，首先要把固有的思维习惯和行为方式都拿走，统统清除，要清除得干干净净，就像回到我们刚出生时的状态。你不用担心你清除得不干净，我会带着你一步步来。

学习的最高境界就是让"它"显现，以后不管是学习智慧还是其他的，你的境界就是让"它"显现。这个"它"可以暂时用"真我"这个词，这样写，你至少不会迷糊。

整个显现的过程就是把多余的一切都拿掉，都删除，这样就会露出根本，把没拿掉的都拿掉，你所要的"真"就会出现。这就是智慧的真实转变，真实的呈现。记下新的入门法则：

◆入门法则 11：一切智慧，本自具足，本自圆满，无须创造，无须增加。

你所要学的一切，不管是过去还是未来，不管是发明还是创造，任何伟大的科学家，如爱因斯坦、阿基米德，他们发明的东西不是他们后来学会的，也不是后来发现的，而是觉醒出来的，是照见到的。世界上所有的发明不是发明，而是发现，是从自己的里面发现的，这就是显现的过程。从宇宙诞生开始，所有一切智慧都存放于你的内在，真正要学的东西都在你身上，早已具备的，你唯一要做的就是向内看，然后觉察、觉醒，从而让灵感和智慧显现出来。

几乎所有的先贤智者都在告诉你同一件事，所有经典作品也在告诉你这个照见和显现的过程，所有的智慧都是从内寻找的，所以我们道禾大学堂有句经典名言叫："向外看的人还在梦中，向内看的人已经醒来。"就是这个道理。

人在本质上有什么差别吗？有人会说性格不一样。说这话的人都活在大脑的概念里，多可怕啊！

　　每个人都是一样的，每个人在刚出生的时候都是一样的，我们所具备的能量也都是一样的，我们的习性，甚至我们最骨子里的东西，包括细胞，也都是一样的，唯一不一样的是我们后天学的东西，这是不一样的，而我们把后天的东西当成了根本。

　　我们从小就接受所谓的学习，在我们出生之后往我们的身体里装各种各样的东西，导致我们的性格、品性开始不一样。为什么说众生平等？平等是指人在根基上是一样的，不一样的是，有些人原本被显现了，有些人原本被掩盖了。

　　所以刚出生的婴儿，几天之内看得出来差别吗？没有差别。我们要学的就是把掩盖在我们灵性上面的东西都拿掉，这是入门的关键，然后真我就会自我显现。就像石油喷薄而出那样，当你拿掉上面遮盖的一层，自我的存在就会散发出来，这是学习的核心点，拿掉之后就会出现状态，就会有感觉。

　　马上想一下，你现在要什么？停下来，马上写三条出来：（不要看下面的提示）

　　你想要什么东西？
　　你想要什么东西？
　　你想要什么东西？

智慧、金钱、美女……

快乐、美丽、健康……

自由、存在、幸福……

　　每个人要的东西都不一样。你写下来的这些是不是你想通过学习而获得的东西呢？你要的一直都存在那里，只是没有显现。为什么不显现？记住下面一句话："没有智慧的人，相信的和想要的，结果完全相反。"也就是身心不一致。

　　你想要健康，看看你的脸布满沧桑。很显然，你想健康可你没有这样去做，没有做与健康相关的动作。为什么不做？能力不行？不够坚持？原因是你没有显现，健康与生俱来，可是随着生活的快节奏，你想要健康的意愿被掩盖了。

　　婴儿会不会暴饮暴食？婴儿不会啊，他喝饱了奶水就不会再喝了，这是小孩与生俱来的本能。吃饱了，他就会有感觉，他的身体会抵抗，他会做保护，这是与生俱来的。可我们慢慢把这个掩盖了，本来存在的智慧被消灭了。成年人常常暴饮暴食，所以身体被破坏，就这么简单。

　　你想要美女吗？你想要财富吗？为什么不行动？你是找美女，还是要获得美女的青睐？你不行的根本在哪里？根本在于你的原始存在没有显现。我们要的东西生来就存在，只要直接唤醒就可以了。不是习惯的问题，而是这个东西被掩盖了。长时间被掩盖，就像一个人的语言表达，一个人从出生到慢慢会说话，后来为什么又不说了？为什么自闭？就是被掩盖了，能量被掩盖了，所有原本存在的都消失了。

所以说学习是让自己显现，让原本那个真实的自己显现，让自己存在的状态显现。你只有显现出来，你才会真实的存在。比如幽默，谁不会幽默啊，是因为大家都压抑了；谁不会跳舞啊，关在黑屋子里，谁也看不见谁，音乐节奏打开，谁不会跳舞呢？而现在你不敢跳舞，是因为你原来存在的舞蹈能量被掩盖了，被压抑了。

明白了这些，就可以让我们开始"拿掉所有入门的障碍"。

一、拿掉形式

拿掉形式，就是指拿掉那些多余的形式，只有这样，才能让自我充分显现。例如来上课，你觉得要不要喊口号？要不要众星捧月？你是喜欢形式越多越好吗？气氛搞得很紧张行不行？不行，这都是多余的，好的课程就是要尽量拿掉与课程无关的一切多余形式。

有个广东的老板，来到我们《弦外之音》的课堂发现很松散，没有规矩，太自由了，他就说："看这样子就知道这不是什么高品质的课程。"他通过分析并做出了判断，他的感觉被掩盖了，他无法感受到放松和自在。

以前的人怎么获得智慧的？像老子、孔子，他们带着学生四处游学，看到农民种地就开始聊，开始了解农业；看到帝王管理国家，就开始了解国家。《易经》就是观天、观地、观自在，然后一边看一边消化吸收，所以智慧就自然而然地显现了。现在的培训公司，动不动就喊口号、跳舞、做操，整得像模像样的，还放两保安站在门口，弄得人紧张兮兮的，你说累不累啊？

一紧张，一思考，你的灵性就不会出来，所以要学会放松，要试着懒散，要优哉游哉地学习，但是用的时候要精力高度集中，学习的时候要放松，这个很重要。所以我经常说，每年大家至少要旅游两次，找个地方待一待，睡觉睡到自然醒，娱乐娱到微微醉。这种感觉很好，能量会显现，你的灵性就会出来。而不是到什么地方去观光，然后普及一下知识，最后完事回家。如果是这样，你的心永远是蒙蔽的，你也很难获得智慧。

什么是智慧的课堂？什么是开悟的老师？就是"以他的自由、爱、慈悲，创造一个氛围，一个祥和的场域，把听众感化"。

人平时有很多杂念。如果在一个祥和的、悠闲的、没有压力的环境中，人就会慢慢静下心来，心神开始安定下来，天性也会慢慢绽放出来。

什么是智慧的父母？什么是开悟的父母？就是"以他的自由、爱、慈悲的能量创造一个和睦的家庭氛围，让孩子沐浴其中"。

有人看见孩子哭会受不了，如果看着孩子哭不难受，反而是一种爱与慈悲。创造一种祥和自由的氛围，那你的孩子是比较幸福的，长大后的蜕变就有一种爱的能量。所以说孩子不是输入什么，而是不要去遮盖他的天性，让他显现出来就可以了。

当我们与一个人交往，如果对方是高手，他就会创造一个自由的、祥和的、包容的感觉，一瞬间将你融化、吸收，你看不到他的魅力，但你已经被他完全包围着，你仿佛就活在他之中了。

开悟就像水一样，你像鱼一样在水里游动，这是一种朴实的感觉，你无法对抗，无法脱离，一种莫名的沉醉，然后是无比的依恋，就是这个意思。

如果你是一名老板，你应该有一个什么样的状态？你知道开悟的老板是什么样的吗？他会以他的自由、爱、力量去营造一个办公氛围，让员工在里面融化、显现。这就是高手老板的厉害之处。

一个企业最值钱的核心竞争力是什么？是开悟的文化，如果企业还拘泥在形式主义，老板整天板着个脸，员工没有笑容，每个人说话都要小心翼翼，战战兢兢，这个企业能好到哪里去？好不容易找到一个人才，他不会因为你给的钱多而留下来，他会去感受这里的氛围，看是不是自由的，祥和的，因为他需要让他的智慧显现出来。如果老板把这一切都扼杀了，哪有人才愿意留下？哪来的创造力？哪来的创新意识？

所以我们要把一切多余的形式统统拿掉，统统清除，让一切回到本来面目，让人们敬重你，和你在一起没有压力，公司是祥和的，自由的，放松的，这种状态就对了。再有，在说话上，拿掉多余的死劲和固有观念，凡事都用最简单的语言表达出来。当你习惯说简单的话，朴实的话，员工就会感觉很舒服。不要表现什么文采，你在员工面前表现文采可以干什么？当饭吃吗？文采是一种障碍，你只要学会简单表达就行了，凭感觉用心灵去交流，不要什么形式，不需要刻意，而是回归自然的状态。你和妈妈说话是什么样的？你和你宝贝说话是什么样的？就是这样亲切的语言，彼此有连接的，简单直接的表达。

为什么有的男人喜欢小情人？为什么他们会去找小情人？表面上是有性的需要，但骨子里是什么？是让自己回归，让自己进入无拘无束的状态，因为很多小情人不在乎名分，不会太计较得失，所以他们和情人在一起是放开的，是简单的，是自由的，是不用考虑太多顾虑的。而一旦男人把情人发展成小三了，还有了孩子，那又完了，又复杂了，一切都会更加隐蔽，遮掩，人就会很累，因为你把自己弄个框套住了。

我不是鼓励男人去找小情人，而是要你明白为什么你会这么做，你要的是这种状态，你可以在生活中找到这种无拘无束的感觉，自由的感觉。你和我在一起不要叫我老师，叫我志一还凑合，吃饭的时候不要敬酒，敬酒就是一种多余的形式，问我拿东西没必要说谢谢，我们慢慢来体会，无拘无束，无欲无求，不存在伤害我。

你没有敬酒，然后你就会想："多没礼貌啊，多不尊重人啊！"你一想，你就紧张了，你就没法放松下来。如果你说："志一老师，敬你一杯酒！"这就完了，你没有拿掉这多余的形式，我写了这么多，就是要你明白把这些统统都删除，都拿掉，慢慢地，我们之间的交流就不再是语言了，而是意识和行为的交流，你光看书你无法知道这是一种什么样的感觉。在《弦外之音》的课上，我们无拘无束一把，你在一天的吃喝拉撒睡中去体会，看你能不能有那种感觉。

夫妻之间为什么总是吵架？就因为她发你信息，你没有回，然后她就在那里瞎想，之后就生闷气，等你回来了，她开始不理你，让你自己琢磨犯了什么错。你也搞不明白怎么回事，说话就比较冲，然后就吵架了。这就说明夫妻间没有感觉了，有感觉的夫妻之间是无拘无束的，发个信息没有回，不需要解释，马上思维就穿越过来，就明白了，就淡然了，所以两个人慢慢就是一体的，继而彼此获得一种生生不息的能量。

再谈谈孩子，要想成就大业必须生小孩，而且要定期生小孩。这个我在课上反复说过，定期生小孩你就会定期回归，当你和小孩玩耍的时候，你很容易进入真我状态，你要记住这份纯真的原始的状态，这就是你的"修行"。你记住，你是小孩的状态成人的思想，你就是高手了。所有的成大业者都是有孩子一样的笑容，让你定期跟着孩子学，就是让你定期拿走你身上成年人的虚伪和复杂，拿掉那些成年人多余的形式。看看庄子多洒脱，活得像个孩子，却拥有无上智慧。

二、拿掉烦恼

你会发现一个问题，你的邮箱信件多了你会删除，手机信息多了也会删除，但是自己心里面的东西多了，过时的观念多了，却很少删除，而且还捂得紧紧的，你知道这有多可怕吗？

我们为什么烦恼、劳累，就因为我们带着的东西太多了。天空本来是碧蓝的，纯净的，美丽的，可是飞过一只丑陋的鸟，还对你拉了一泡屎，你很生气地在那里叫骂，可鸟儿已经飞走了，但你一直愤愤不平，你看着天空，想着那只鸟，你很烦，很恼，气发泄不出来，本来洁净碧蓝的天空就因为一只早已离开的鸟而遮盖了其本来的面目。你开始变得越来越暴躁，脾气越来越差。生气是会上瘾的，就像吸毒一样，这点你要明白。你一直这样折腾自己累不累啊，你究竟有什么烦恼？你是要碧蓝的天空，还是要一只丑陋的鸟儿呢？放鸟儿走，还天空自由，回归那本来纯净的面目吧！

怎么拿掉烦恼？有两个办法：

1. 休息

请问是休息重要还是工作重要？我以前在课上讲过，休息是工作的一部分，是生活的一部分，很多人没听明白，后来我不再讲了。现在我告诉你："休息也是学习。"你是不是蒙了？听不明白了？什么叫休息？休息就是身心不工作，一切放下。可你真的休息过吗？你白天上班累，工作累，回家睡觉累，睡觉前也累，甚至做梦还想着各种事情，你能不累吗？你以为你睡着了，那不叫休息。很多人说累了就马上去休息，这是错的，那不是真正的休息。

工作一天了，稍微休息一下吧，躺一会儿吧，安静一会儿吧，结果越躺越累，因为能量会沉淀，会让你更加疲惫。那应该怎么做？你要去做几个无意识的动作或活动，然后就会放松下来。例如，我上课站了一天，到下午 17：00 结束，我要去另一个地方，我在车上做了一个无意识的动作，没有目的，没有欲求，反正就做个动作，然后就放松了，再去休息。

坐飞机是不是很累？你能一上飞机就直接睡觉吗？你能睡着吗？你折腾了半天还是很累，然后你下了飞机，跑到酒店想躺在床上睡觉，那是无法进入深睡眠的，只有笨蛋才这么做。你下飞机要先活动一下，到酒店洗完澡不要马上睡觉，要活动一下，做几个俯卧撑，看个书，和家人稍微说几句闲话，然后躺下会立刻睡着，这就是休息，一切放下，身心不再工作。

2. 发呆

一个人要学会独处，要能独处半小时以上。独处不是发呆。许多人花了钱来学习，就想在这一天里尽量往脑袋里装有价值的东西，他没想过要发呆，更不知道发呆也是一种学习。为什么我们上某些老师的课会有感觉？因为他总能让你在某个片刻可以发呆。

你有没有过发呆经验？小时候是不是经常发呆？先不要问怎么回事，先回答发呆是不是很舒服，很开心？答案是肯定的。感觉很美，然后你就会沉淀，就是这种状态，似美似不美，似作用似不作用，你必须要进入发呆里面。我写这么多文字无法帮助你进入发呆，我告诉你发呆是什么感觉对你毫无意义，你就记住学会发呆，经常发呆，你就会沉淀，就会找到那份感觉，这才能有收获。

你想不想发呆？如果想，去试试参加"最天体活动"，就是都不穿衣服。去夏威夷的天体营，大家都不穿衣服，如果你穿衣服进去，看见一千多个人全不穿衣服，你还好意思穿吗？你也可以在自己的家里，床上或者浴缸里，待一会儿，或者找个游泳池泡一会儿，最好能晒晒太阳，因为有光热的能量。然后似睡非睡，千万不要睡着，睡着就累了，你要进入迷迷糊糊的状态，这也是发呆的状态。

你需要脱光啊，一脱光就解脱了嘛。婴儿出生的时候穿衣服吗？当然是不穿的。我们成年人以为他会感冒，才给他加了一层禁锢。你有没有试过两个人在一起脱光了互相看？看 21 分钟以上？在丹麦，一家人可以在一起洗澡，一起蒸桑拿，这很正常，换做你，你敢吗？裸体互看 21 分钟，你那复杂的大脑能不想些什么吗？你让对方看你 21 分钟，看得你会蒸发。上课让你和我对视 10 分钟，你就不敢了。有机会你上地铁与每个人对视，看谁先不好意思转过头去。我最厉害的地方就是我的眼睛，我的眼睛是专门训练过的，我和 1000 个陌生人的眼睛对视，我就这样看着，一直看到对方不好意思转过头去。所以我的眼睛有穿透力，我可以一下子看到你骨子里面的东西。

许多人一思考，眼睛就骨碌碌地转动，这样的人逻辑太缜密了，头脑太发达了，他看我这本书就很累，各种批判，各种不屑，他就很难进入发呆的状态，因为他们没本事让自己静下来。只有头脑安静下来了，不再想了，才能放松，才能进入休息状态。如果你头脑静不下来，你可以问自己一件事："我现在缺什么？"然后你说，缺健康，缺快乐，缺财富，缺美女，缺自由，想着想着你就会进入休息状态了。这个过程相当于自我催眠，通过意识来催眠。你就问自己这个问题："我缺什么？"你往沙发上一躺，草地上一躺，缺什么呢？想着想着你就想不起来了，想着想着就一片空白了，然后你就迷迷糊糊进入状态了。

　　这就是休息。记住，每天必须发呆，最少半小时。当这个方法熟练了，你的烦恼自然而然就少了。当然，你也可以买一本我的新书《静下一颗心》来看看，里面有数十种静心的法门。每个人静下来放松的法门是不同的，在书中总可以找到适合自己的方法，让自己彻底放松。

三、拿掉浮躁

"静"这个字是什么意思？有人说："不动叫静。"这答案是大脑给出来的。你要一直不动试试看，累死了。

静是"不受外界干扰的宁静的心"，是平衡，是放下，是拿掉一切。记下来："动中不动就叫静。"所有宗教大师，或者学者、专家、科学家，他们修炼什么？都在修"静"。你看到的任何高手、大师都在修炼一件事情，就是静，这里的"静"指的是进入"静"这个状态，这个境界。

什么叫"动中不动就叫静"？你有没有见过禅舞？它是一种舞蹈，跳禅舞的人跳的很快乐，但她的内心是平和的，是平静的。她很自然地享受，不急不躁，自然地舞动身姿。她整个心里是安静的，是美的，她身体在动，可整个意念没有动，心保持着平静，这就叫作动中不动，这才是真正的静，是肉体和灵魂所达到的一种极致的平衡。

　　我们身边是不是有很多人情绪化？脾气大？爱发火？是不是还有人爱哭，爱闹？我们要修的就是当自己情绪化了，发火了，而内心是平静的，不起波澜的，这才是高手。

　　有人发火了，骂人了，"啪"地把杯子摔了，摔完后看别人的反应，看员工，看顾客，看孩子，看着他们害怕、恐惧，但自己心里面像没事似的，老板就是要修炼这个本领。为什么很多厉害的老板翻脸像翻书一样？此时发火，一转身就没了，甚至有些人不转身都没了，这就是没往心里去，他的心没有动，这就叫作静。如果你往心里去了，你整个人就浮躁了，你就骂人啦，摔东西啦，那你真的还需要好好修炼。

　　小孩子哭起来伤不伤心？他哭的时候心动没动？他心没动，他里面是静的，孩子整个心灵是静的，所以他哭完了就没事了。他可以一瞬间哭，一瞬间笑，我们每个人从小都有这与生俱来的本领，可现在却都被蒙蔽了。这就是为什么我们说高手都要向孩子学习，因为孩子哭的时候会保持觉察，这种状态就叫作"静"。

　　我们身边是不是有人会沉醉在灯红酒绿的世界中？你带他去找几个美女，不管是陪唱，还是陪喝，或者包个游泳池，然后赤身裸体地游泳，游完了回去坐着，任由美女挑逗，完全无动于衷，不再做更进一步的事情，这叫什么？这叫坐怀不乱，这就是境界，修炼就要这么来。在夜总会能练习静心吗？可以啊。看着歌舞升平，身乱心不乱，可乱可不乱，就是这种状态。

我们现在就缺这个"静"。为什么我们学了很多东西，可一遇到事情我们还会乱，还会手足无措呢？因为你根本还没入门，也就是我们头脑学习的很多东西，身体根本用不上。为什么我们要发起"全球 515 静心活动"？就是帮助大家每天都能进入"静"的状态。如何才能静下来，有三个方法。

1. 多动

只有多动才能静。如果有烦恼就要从反面来修，让烦恼不断出来。慢慢地这些烦恼就会变成一个个智慧了。当你一直在动，拼命地动，动得不能再动了会怎么办？就静了。当我们运动完，如爬完山，跳完舞，跑完比赛，往那儿一坐的时候，你想动都动不起来，那一瞬间你就能真正体会到那种静的感觉。请你不要用大脑来思考这些文字，我是没办法传递给你那种感觉的，除非你来到我的课堂上，我们可以试着以心传心，我会开一个 21 天的静心营，21 天的课上我都不讲话，就这个感觉，你跟得上你就跟。山崩地裂，地动山摇之后，你就知道那静的感觉了。

2. 持续深呼吸

这个需要练习，在瑜伽中叫"火呼吸"。在课堂上我有带着练习过，一开始练习火呼吸 10 分钟很难，先试着 3 分钟，主要是全力吸，全力呼，猛吸猛呼，中间不要停，要深，要深深地吸，深深地呼，用力，坚持 3 分钟不要停。

好了，晕过去了没？睁开眼睛看看，是不是看不清，头脑进入一种朦胧的状态，有一种万念俱灰的感觉，这就是无意识状态。你要记住这种感觉，尤其是你失眠、难受、心慌、烦躁时，这是最简单、最有效的缓解方法。3分钟内通过猛烈的连续深呼吸把头脑的氧气放空，当身心受不了，就会直接躺下进入静了，这就绕开大脑，进去了。

3. 到自然界中去

很多"修行"人说要去深山里待一待，如果你的"修行"要靠山林才可以进行的话，那太累了。你要学会在任何地方都能静，都能"修行"。一开始可以去没人打扰的地方找这种感觉，在这些地方要找到一个点来突破，然后找到这个感觉后，就可以在任何地方都能进行"修行"了。道禾大学堂在苏州天平山脚下建造的静心中心就是帮助每个人回归自然，静下一颗心，捕捉到这个感觉，记住它。

记住静的状态，记住这种感觉，你以后就很容易进入。要经常悟到这个静。一般我们说静下来了，那是外在的，而你的内心还没静下来，思维也还没静下来。我们要用上面的三种方法经常练习，保持自己能长时间地进入这个状态，最少5分钟。要记住不管学什么，都要经过身体练习才能成为自己的东西，要不断地练，不断地使用，最后才能妙用，心法要和身法保持同步，要一样才可以。当你可以经常带着这种状态，真正静下来的时候，智慧就显现了。但心一动，又开始浮躁了。

四、拿掉"法相"

"法相"就是大脑产生的某个现象、观念、心锚，也可以指我们赋予世间万物的各种标签、定义、描述。

如何拿掉"法相"？尤其是拿掉过去陈旧的"法相"？通过以下四个方面。

1. 断

割断时空，割断环境。

例如，你从中国跑去南极，你要断什么？断环境，断时间，断空间。为什么世界 500 强的高管会定期休假？为什么我们要每年请大家去全世界旅游，而且还尽量选择亚洲之外的国家？明白为什么吗？就是这个意思。有人说我在国外，手机两天都没有信号。这就对了，这就是断了。

有没有试过 10 天不接电话的？10 天不和家里通电话试过吗？你不敢，因为你已经习惯了，从来没有和家人断过联系。其实非常简单，你会发现跟我们出来就断了，有时候断 7 天，有时候断 21 天，所以你一出来旅游就很自由，心跟着任意翱翔，一回家就很沉重，事情一大堆。你有没有过这种感觉？所以"必须定期断"，至少"百日断一次"。

例如你去宗教道场，就是断的过程，从穿松衣到吃素食，到唱诵经文，而且还要提前把手机收走，这样就是把过去的环境、时间、空间都断了，就是这么回事。

所以来上我的课也是一种断。你出差就和你习惯的时空断开了，这样你就不会变得麻木，然后你会在出差过程中找到一种感觉，你跟过去的"法相"切断了。当你和过去都断的时候，你的心里就不会累，而且清爽、舒服、不沉重。为什么失恋的人要出去走走？为什么失意的人离开原来的城市要去旅游？你往外一走，断完之后再回去跟别人见面，你看到他的感觉就不一样了，就会觉得没什么大不了的，而且别人会发现你也不一样了，这是最有效、最简单、最直接拿掉"法相"的方法。

老板要学会给员工奖励什么？奖励他们去旅游，在度假村、山里、邮轮上都可以，不要在公司整天弄得紧张兮兮的。如果和下属闹得不开心了怎么办？安排休假，最好去国外，哪怕是飞到香港也行。一到香港感觉就不一样了，因为语言不同了，城市氛围不同了，可以好好地休息一阵子。

这样断开一段时间，你会发现原来自己存不存在也没什么影响，实际自己就是这么简单的一个东西，跟蚂蚁差不多。不要把自己当回事儿，没有你，别人照样活得很好，公司照样运转，这样你慢慢就不执着了。原来我们和树叶差不多，只是"法相"不同而已，当你把这些参悟透了，你就放松了。

2. 解

把过去的事解开，把过去的观念解开。

这个要是学会，智慧马上会"唰唰"地裂变，你就能把过去打通。我们不能改变历史，但我们可以解开历史，我们要有这个思维。

例如对宗教的观念，我们对宗教持什么样的观念？每个人对宗教的看法都不一样吧？你发现我们对一件事情都有一个自己的观念和看法，然后这个观念就会影响我们的行为，而行为产生的结果会影响我们的身心状态，所以我们要把过去所有的观念都解开，你的气就能上来，你身心就轻松了，就贯通了。

宗教是怎么产生的？一句话就讲明白了，是因为需要而产生的，所以解开了再解读宗教就很简单。

你问我信不信宗教？我问你，信宗教你舒不舒服，拜佛舒不舒服，你舒服你就拜，你不舒服你就不拜，就这么简单。你觉得好用就用，你觉得不好用就不用。当你学会这个思维的时候，就可以"一切为我所用"，带着这个思维看问题，你就可以把这个扣解开，把过去还在评判对错的思维解开。

再来举个例子，是道德观念方面的。你今天碰到一个人，他和你说，这个人道德好，那个人道德不好，你是如何分辨的？你说："这个人给人让路，给人倒茶，所以他道德好。"请问他这么做是不是生存的需要？你对一个人很客气，是因为道德客气，还是因为你不客气别人会不理你？你对一个人好，最根本原因是你希望别人对你好，你才会对别人好。事实是不是这样的？你跟朋友交往，你给朋友送礼，你对朋友客气，是处于道德还是彼此存在的需要？当然是自己的需要。你把这个搞明白，你就不会受道德这个观念所困扰。记住："核心其实是因为需要，而不是品德的问题。"

在课上，有人上台分享，你给他鼓掌，你在潜意识里渴望什么？你渴望等你上台之后也能得到别人的鼓掌，这才是核心。但这是道德吗？是礼貌吗？核心是你的需要。如果你鼓掌是发自内心的，他就是真的，不发自内心的，我们称之为道德和礼貌。

3. 心无所束，不生"法相"

大部分人出去旅游都会觉得很累。要去马尔代夫玩，恨不得马上飞到马尔代夫，但是过程却很痛苦。需要去机场，然后等待一个小时，两个小时，然后还要拿行李，排队打车，这些都要等待，所以这个心是浮躁的，能不累吗？就因为我们都想要未来的结果，不要现在，都不喜欢等待，所以这思维很可怕。

我们总是想着等有多少钱财后要怎么样，有个漂亮太太了要怎么样。不要总是想着未来，你现在准备干什么？是在等待未来出现吗？

大部分人总迷恋过去，喜欢回忆，可过去再好都过去了，都结束了。我们要活在当下。所以当下法为无上法，当下的风景为无上的风景，当下的人为无上人。要把当下一切为自己所用，要在当下发现那个美好的风景。

为什么现在幸福的人少？就是一会儿想着过去，一会儿又期待未来。你要知道自己当下的位置，把过去和未来的东西都拿掉，都清除，都删干净了，然后让自己归位，根本不用苦苦挣扎。

神秀这个人知道吗？就是"身是菩提树，心是明镜台，时时勤拂拭，勿使惹尘埃"这位。他当时悟到要随时擦除心中的"法相"，在1500年前就悟到了这个思维。他发现人就应该这样。后来很多修炼的人都根据这个思想来修，认为身体就像菩提树一样，在心中有个台子，就像明镜一样的台子，如果不去天天擦拭，这镜子上就会落灰，时间长了这镜子就看不清了，因为落满了灰尘，所以要天天擦镜子。我们的心也是一样，要擦掉那些杂念，把过去不好的东西都拿走，让身心得到净化，这样就能"勿使惹尘埃"了。许多人都不明白这个。还有人问："把过去不好的拿掉，那好的要不要拿掉？"好的也要拿掉，好坏都已经过去了，都没有意义了，都结束了，留着只会成为你的障碍。所以记下："把过去的'法相'全拿掉，好的也要拿掉，坏的也要拿掉。"别总是留恋过去的事儿，你知道每天要刷牙，你怎么不知道每天把你的心刷一刷，把大脑刷一刷呢？

所以神秀也算是个人物，他不管好事，坏事，难受的事，能马上放下，马上进入新的征程。所以要像洗脸一样洗心，以后你天天洗脸的时候就把自己的心也洗一洗。真正的高手在家烧水、砍柴、做饭皆是修心，根本不需要找个菩提树打坐，然后必须念多少遍经文。你要融入生活中，成大业者都是喜欢生活的人。越是大人物越有小情小趣，每件事在他心中都是通的，养养花，画个画，都可以修心，都是在学习。

我每天早上起床会问自己："昨天的没放下，今天就不能开始，就不能起床。"学会这个思维就行了。起床后就会感觉很清爽，很鲜活，风风火火，迫不及待地出门，冲向工作岗位；如果你起床后脑子昏昏沉沉，还很痛苦，心里挂着很多昨天、前天、大前天的一堆事儿，你今天起床了也没用，这一天完全是浪费，哪怕你在家躺一天。把过去彻底拿掉，洗干净，有什么大不了，都结束掉，重新体验新的生活，新的来临，纯净的开始。

如果我今天在山东讲课，明天要去苏州讲课，可我还停留在今天学员对我的评价：哪里讲得不好，哪些人认可我，哪些人觉得我很差……这样累不累？我还要不要继续讲课？我根本不在过去停留，直接面对新的课堂，新的学员，新的开始。我总是让我的心重新开始，这就是做导师的关键法门。

"发生了就是结束，每一刻都是新的开始。"宇宙就是这样运转的，一颗星星爆炸了，新的一颗又诞生了，又是重新的开始，这就是规律。

今天的细胞和昨天的细胞一不一样？当然不一样。每天细胞都会发生变化，那你的心为什么不及时更新呢？有个女士说他老公有外遇，我告诉她你抱的老公早已经不是过去的老公了，你老公的身体每天都发生着变化，她过去抱的男人早没了。这个男人无论是细胞、血液、皮肤、思想、心态都和过去不一样了，早就是个新人了。所以你想明白就行了，他过去有外遇，抱了别的女孩子一下，现在早就不是这个人了，你重新抱他不就完事了，你非要在那里揪着他的过去，他能不跟你闹翻吗？

你今天看到的树叶和昨天看到的树叶一样吗？肯定不一样。树叶也在长，也在变。我们在变化，宇宙也在不断地变化，世界万物都在变化。当你有这样的思维时，你就能看到根本。曾出现过一个伟大的人物——慧能。

慧能是什么思维？他说："菩提本无树，明镜亦非台，本来无一物，何处惹尘埃"。他比神秀更加地触摸到根本了。接下来的内容比较深，你若搞不懂，就学神秀每天擦拭一下自己的心就行了，烦恼也会少很多。你要能不用大脑，静下来用心去感受，那我们继续。

"菩提本无树"这句话怎么理解？我发现这四句话流传太广了，可我看网上解释的没一个明白的，很显然，慧能已经把外在的形看到了根本，而不是那个形象。菩提是树也不是树，树是菩提也不是菩提，是物也不是物。是不是有点儿拗口？我们把一棵树叫菩提树，桑树，椰树，这是什么？是我们为了可以区分而取的名。那这个东西是什么？你叫它草就是草，你叫它嘴就是嘴。你觉得猫看到这东西是什么？还叫树吗？那是我们人类称呼它的名字。

用《金刚经》里的话叫："是树，非树，是名树。"这东西是树，也不是树，只是取了个名字叫菩提树，它本来叫什么，谁也不知道，其实根本没有名字，只是一种存在而已。用物理学的说法，就是一种粒子的组合，所以以后看到什么要有觉察，世间万物一切都是为了方便我们认知而给予的命名，其根本只是一种存在。如果把所有的命名都拿掉，就是无，就是一种存在，都是一种粒子的组合，最后都是一样的。

"明镜亦非台"什么意思？神秀看见有个台子能照出人影，他天天擦，就很透亮，如果心能像这个台子一样明亮该多好啊。慧能来了一看，这是镜子也不是镜子，可以叫镜子也可以不叫镜子，它就是个东西，只是一种存在，它不是靠光来照的，而是可以直接进入，和这个东西融为一体。

物质都有分子、原子、核子、电子，还有夸克，这些统统都是粒子的组合，我们每个人都是有机物，都是粒子组成的，也是一体的。

"本来无一物"什么意思？前面两句搞明白了，说物也不是物，那么本来是什么？本来就是一种存在，一种临时组合嘛，这就通了。都是临时组合，你和肉体是临时组合，你和父母是临时组合，你和伴侣、子女都是临时组合，你组建公司、研发产品都是临时组合，都是暂时存在，因为本来无一物。

"何处惹尘埃"这句就很容易懂了。原本就空无一物，谈不上谁惹谁，谁是谁的尘埃，谁落在谁上面，都是自己把一切当真的了，都舍不得放手，都要争出个名分是非，那都是自讨苦吃，自作自受。

我们就是要清理到这种程度，把所有一切都拿掉，就知道是一体了。人是什么？就是似物非物的一种东西，一种存在，一种粒子的临时组合，那为什么不同的粒子会组成蔬菜、飞鸟、鱼儿，究竟差在哪里？这点科学已经破解，是基因排序不同，所有东西都是基因的排列组合不同，也就是粒子的临时组合不一样，序列不一样，所以就成了你、我、他，组成了临时的世界万物。我们还给各种东西取了各种名字，还给自己也起了名字，这就形成了世界。

你说，我心很难受，我心痛，我心里不舒服，什么是"心"呢？这只是你定义的一个标签而已。你看海，心就跟海在一起；你看沙漠，心就跟沙漠在一起；你看仇恨，心就跟仇恨在一起；你看伤害，心就跟伤害在一起。所以，你跟什么在一起，什么就是你的心。说白了，你看什么，什么就是你的心。现在你还说你心痛吗？你心里难受吗？问问自己，你和什么东西在一起呢？

这里的"看"有两层意思，一是眼睛看，二是感知到。因此我心是一切，一切就是我的心。你要按我说的把所有都拿掉，你就会进入这个状态，你看到一棵树，这棵树就是你当下的心。

有人说失恋了出不来，心还是很难受，其实山还是那个山，人还是那个人，不同的人看就是不同的感觉。难受是一种感觉，是收到刺激后产生的一种状态，而这种状态没有和当下合一，所以你心就难受了。如果你的状态是"我心是一切，一切是我心"，那怎么可能难受呢？你只有在看着海想着山，你才会难受。就像男人们和太太在一起，心里想着小情人，他们心里纠不纠结，难不难受，说明他们的心不在当下，心不在焉，这痛苦不就是自作自受嘛。

你看到好朋友去世，你肯定很难受，你的心里还停留在"他怎么会死呢？这太意外了"，所以你就痛苦了。死就死了，这都是临时组合，都是过去，如果你的心还停留在过去，那你的心此刻就是跟死亡在一起，你还停留在原来的相上，你认为"生是我心，死不是我心"，所以你就痛苦。你要面对当下，明白那是一种生命的状态，"生是我心，死也是我心"，春夏秋冬，叶黄叶落，生老病死都是我们的心，都是心的不同形态。

你不要总是盯着自己的肉身在想自己的心，我们跟什么在一起，什么就是我们的心，你到树林里就是树，到沙漠里就是沙漠，跟猫在一起就是猫，跟骆驼在一起就是骆驼，那时候你就美了，本来就是这样。只是有人把这些分开，所以就痛苦，所以就没有智慧，所以就有障碍了。记住新的入门法则：

◆入门法则 12：生死都是一种存在的状态，你面对哪个状态，哪个状态就是你的心。

有经历，有生活的人，我这么一点，你一下就会明白，就会理解透彻。如果你看不懂，说明你的人生还需要慢慢历练，慢慢体会。再记入门法则：

◆入门法则 13：你觉得痛苦，就是你觉得此刻的状态不是你要的。

为什么开悟的人没有痛苦？因为什么状态他都明白是怎么回事儿。这是一种自然的存在，生老病死都是存在，都是自己想要的。你要获得智慧就是对任何状态都没有分别，高手就是觉得世间万物都是生的过程。例如，绿叶枯萎成黄叶，黄叶腐烂了生成新的细胞粒子，新细胞组成新的生命，新的生命长成大树，大树又枯萎了。在宇宙看来没有死亡，一切都是生生不息，都是生的过程。而高高手就是无所谓生，无所谓灭，不生不灭，不垢不净，不增不减，是故空中无色。

到这里，你会明白一个思维，你跟任何人、任何物在一起，只要你有分别心，说这海是我喜欢的，这人是我不喜欢的，这城市是我喜欢的，这花是我不喜欢的，你难不难受？当然难受啦。

所以老板的境界，是心中看人，不要说这个人是好还是不好，顺不顺眼，习不习惯。要提拔谁，要给谁机会，是什么决定的？你是用分别心在对待一个整体。有些书上说"要用全身心的爱"去爱老人，爱孩子，爱穷人，爱同行，这是什么概念，仍然是分别心啊。

对开悟的人来说，生命都无所谓了，因为它是不生不灭的。这个思维只有佛祖释迦牟尼在菩提树下悟到了，后来就没有人悟到过，只是在传播他的思维。我写这本书也不是说我悟到了，体会到了，经历到了，照见到了，我只是用文字尽量让你理解，让你有某种感觉。你能不能悟到那是随缘的。

和我们去旅游，你发现这个城市好美，硬件好发达，一切都觉得很新奇，然后拿来和自己的家乡比，就会有各种落差。你要保持"无差别心"，多跟着我们出去走走，当你走过十个、二十个国家后，你的心到哪里都会一样，都是平静的，都是很快融入的，那就代表你的历练超越了，没有分别心，一切都是正常的，无所谓国内国外，反正该吃吃该睡睡，该聊天聊天。到了这个境界，无所谓好与不好，想要什么就取什么，不想要的就不要管，这就是心。什么叫"看山是山，看水还是水"？你跟山在一起，山就是你心，你心就是山，本来就是一体的。老板的强大就是"看人是人，看人不是人"，把这个突破了，在事业上就没障碍了，你能跟任何人进，也可以随时出，吃喝玩乐，抽烟喝酒怎么都行，这就是境界，这就是真正的高手。不显山不露水，完全和普通人一样，可以儿女情长，也可以豪情万丈，一会儿风度翩翩，一会儿就是流氓，这就是出神入化。

现在知道夫妻之间怎样才能感情好吗？就是两个人不隔心，一个男人在一个女人面前可以毫不保留地绽放，是完全放松的，一会儿是孩子，一会儿是爸爸，这种感觉就像小孩子玩耍，这个男人就是幸福的，这个男人也能获得无限智慧。你们的关系一会儿像情人，一会儿像母子，这种感情是最牢固的。

五、拿掉混浊

进入此状态，智慧自然显现，先记住一条入门法则：

◆入门法则 14：只有纯洁的身心，才有洞察力，才能深入红尘。

成大业者都是比较简单的，都是比较率真的。什么是纯洁的身心？不是说你有一个女朋友，你就很纯洁，如果你有一个女朋友，但两个人之间没有感情，这叫不纯洁，纯洁可以有很多个女朋友，但是每一个都是真心真意的，不是叫你去找一群女朋友，纯洁的人不管做什么事都是真的，思想都是静的，心里没有负担的。

清纯是不是纯洁，很显然不是。什么叫纯洁？有人说："出淤泥而不染。"这也不是真正的纯洁。纯洁是什么？心境没有破碎就叫纯洁。

什么是心境破碎？就是他已经没有那个心情了，心里原始的东西破碎了。心境破碎了很难修补，所以我们最怕孩子的心境破碎。一个孩子不管犯多少错误，只要心境没有破碎就没有问题。心境破碎了心门就会自动关闭，往往会出现"自闭症"，所以当孩子的心境破碎后帮助他还原，破碎后再还原，就能进入纯洁。

一个纯洁的人活在什么样的层面？纯洁的人活在四个层面，他们判断事物，与人交流都靠这四个状态。

1. 气

纯洁的人，你会感觉他像气一样。气是什么状态？似有似无，似动非动，有形无形。他是怎样表现的呢？你和纯洁的人交往，给人的感觉如沐春风，你是没有压力的，他不需要刻意做什么，你会觉得非常放松，自如。如果一个老板在公司，员工感觉是放松的，自在的，而不是紧张的，不敢说话的，那老板身上这种气就叫"纯洁"。

我在前面说要拿掉一切入门的障碍，就是要帮助老板变得"纯洁"，在公司里制造这种如沐春风，没有压力的氛围，员工感觉就像回家一样，就像跟朋友在一起的感觉，不会有太多的规矩、礼节。你如果一复杂，对方就感觉累了，马上就不纯洁了，累就代表错了。

两个人去公园游玩，门票 280 元。前面一个人进去会想："好不容易来一次，价格这么贵，要全玩一遍。"他恨不得把每个角落都转一圈，都要看一看，出来后什么感觉？真是太大了，累死了。后面一个人进去，看到一个地方，挺好，就这么一坐，待一个下午，根本不会把公园转完，然后就出来了。这就是高手，他的气是平静的，这就叫"纯洁"。你现在触摸不到没关系，你有机会试一下，慢慢地你就知道这种美，就像风一样，记住这种感觉，你能让自己变成如沐春风的状态。

2. 声

声音就是频率，就是节奏，纯洁的老板就是言行进入频率，进入节奏。有人问："是不是说话、做事让周边的人感到舒服，没有杂音？"那只是停留在声音，这里的"声"指的是老板说话、做事有节奏，是意识和心跟着节奏在走。

例如一个人心里有个蓝图，十年要做成什么事儿，要成为一个什么样的人，然后他不慌不忙地根据自己的节奏一步一步地走，根本不管别人怎么说。一般人能沉住气十年就做一件事吗？很难吧。有些人今天的事做不完就睡不着觉，停不下来，要使劲做完，这就是不纯洁，这是把自己耗尽，让自己枯竭，每天急急忙忙，感觉事情好多好多，未老先衰，捡了芝麻丢了西瓜，像小猫钓鱼一样，看见什么好都要参与一下，做事毫无自己的节奏。

市面上有些书是真害人，都是主张"出名要趁早""做事要日清日毕"，一个个拼了命地在努力，你这么急干什么？急着投胎吗？

如果你按照我的方法给自己定十年做成某件事，在你的行业里，用你的方式，然后你能不急不躁，按照自己的节奏来控制，这就是拿掉混浊，进入纯洁了，你就很容易在红尘中显相。把这些道理弄明白不难，难的就是你知道这些道理之后仍然可以心平气和地按照自己的频率和节奏做事儿。

3. 电

什么叫电的状态？就是指整个宇宙的磁场。人体就是一个磁场，生命力不够旺盛就是磁场不旺，跟宇宙磁场对接不上。欧美人在卧室里放家电吗？他们不会这么做，因为他们明白电场就是磁场，电的强弱会对人体磁场产生不同的影响。

我们人是无法抗拒宇宙能量的，无论是住所、办公室、宾馆，这些能量无处不在，是直接对我们产生作用的，所以我们要对破坏宇宙磁场的东西慎用，例如手机，要尽可能地远离手机，不要让它干扰我们的场。

当我们在经营企业的时候，就是在经营我们的磁场。一个人在企业中是自由的，紧张的，顺服的，忠诚的，不需要对这个人讲道理，只要用一个场就能改变一个人。你进入图书馆，看一切都是静悄悄的，你马上也会安静下来不说话了；你在舞厅跳舞，看很热闹，你也跟着摇晃起来，这就是磁场的力量，也叫"场域"的力量。老板看人就要把人当"电"来看，当"能量"来看。看一个员工行不行，就是看这个人的"电"够不够，电压输出有没有结果。每个人都是一个电场，有形的物质都是一个电场。物质以什么存在？以能量存在，能量的显现就是电。

为什么爱情叫放电？是想要获得纯洁。老板要是会用电来造场，按能量的强弱来布置，这就厉害了。

4. 光

这一点是最关键的。所有物质都是一团光。纯洁的老板，获得智慧就是进入光。光是什么状态？光是祥和，光是无相，光就一个字"空"。每个人做梦都有梦到过这种感觉吧，有时候我们躺着，或者走神，就能感觉到一片光，哪怕眼睛闭着也有光，这就是空无的状态，就是我们经常说的"一空万有"。

所以，老板只有真正获得纯洁状态才能变成光的状态，那他怎么做呢？具体的就是让老板去经营"无"，而不是去经营"有"，什么意思？就是老板开公司的心态是向外释放的，不是想拥有，这个道理一旦明白了，老板的前途就一片光明了。

在爱情上，这种人不去爱，不去付出，就这样存在，因为他本身就是爱，无所谓爱与不爱，本身就是。如果一个人说我爱你，他就是在经营"有"，而不是经营"无"。一个人对另一个人动心了，爱上一个人了，不是去爱他，也不是去付出，而是让这种爱存在，因为他不需要证明给对方或去表白，两个人存在就可以了。当两个人都进入一个频率，一起共振，这种爱就会在彼此间传递，就会有感觉，这就是心动，这就是经营"无"。如果你的状态对方没有收到那也是一种存在，如果对方收到了，那仍然是一种存在，是一种"此刻就是最美，最幸福的爱的状态"。这就是触电。你喜欢一个人，对方也喜欢你，双方心意相通，就会这样。

只要你是美的，你是纯洁的，你是光，你到哪里都可以让对方接收到，都可以触电。如果你是不美的，你就是不纯洁的，对方就没法收到，两个人就无法触电。有没有人谈了几年恋爱，连手都没有拉过的，但双方在一起就是感觉很美好？肯定有。这就是一种境界，一种纯洁的感觉，双方都是进入"光"的状态，根本不在乎外在的拉手、拥抱、接吻，而是彼此沐浴在光中。这看着挺玄的，其实就是心电，让心里的电波发射出去，就像你走过去知道有个人在注视你一样，每个人都可以敏锐地捕捉到这种感觉。

当我们越来越纯洁的时候，无欲无求的时候，你触摸到的第一种感觉就是美，就是活在"光"的状态里，你没法表达，没法用大脑理解，就是笼罩在里面，彼此融合。

"气"和"声"是沟通方式，例如念咒语都是用声音，都是通过声音和气息来传递沟通，而最后呈现的就是"电"和"光"。这就拿掉混浊，进入纯洁。

　　光的速度稍微慢一点儿，沉淀下来，就会形成物质，如果速度足够快就会变成光，就这么简单。我们的身体 30% 靠饮食，70% 靠宇宙能量，可我们却把健康都依赖在 30% 上面，我们不会使用"声、光、电、气"，所以我们就活得很有限。今后我们要慢慢学会去通过宇宙获得能量，我们的状态就不一样了。

六、拿掉固定思维

前面我们知道了，我们之所以有障碍，是因为固定思维把我们控制了，绑架了，所以我们最后要把固定思维拿掉。怎样拿掉固定思维？就是多用意识直觉。

什么是意识？我们常这样说"我意识到有危险""我意识到这是个坏人"，是不是这个意思？这只是红尘中的表述，这里说的"意识"不是这个概念，这里的"意识"是大脑处理完的结果。

举个例子：身体是个磁场，我们比喻成主板，就是电脑主板，这个主板所存在的能量（或者电能）就叫作意识。而大脑是什么？大脑只是处理器，它要处理和计算各种硬件和软件之间的工作，这都需要有能量来支撑，意识是电脑的能量和载体，而我们常说的感知力、第六感、超自然能力这些属于潜意识部分，意识和潜意识是一个整体，下面会讲到。好了，现在我们要把固定思维拿掉。

1. 人已经被固定思维控制了

人在进化过程中一开始是靠大脑来处理信息。大脑只能处理东西，而不能接收东西，接收靠什么？接收靠神经系统和身体感觉器官，所以人类在进化中用大脑处理信息仅仅只是一小部分，大部分时候是靠身体各感觉器官来感知万物，并用磁场和能量产生的意识与外界沟通的。人类可以像猴子一样感觉到有地震，能通过气味来判断危险，能不用说话就知道动物们在做什么。可后来随着语言和文字的发明，信息越来越多，大脑只能全力以赴地处理各种信息，并把这些信息浓缩成精华，浓缩成书籍，形成历史和文化，人的身体发现完全可以依赖大脑来发展，所以慢慢地，身体其他感知器官开始不再接收信息，开始退化，能量被掩盖了，荒废了，现在整个人类都变成这样了，完全靠大脑在运作，而忘了最初的超自然能力。人类进步了吗？没有进步！

为什么人的大脑是所有动物中最重的，最复杂的？因为越进化越发达。有人说再过几十年，人脑可以发明出机械，发明出 AI 机器人，到那时候大脑就能比肚子还大，而手脚不需要了，还会继续退化，就像蝌蚪一样，然后身体就消失了。不要觉得好笑，这是一种趋向，所以人真是被固定思维绑架了。

我们要把我们与生俱来的超自然能力拿回来，当我们把固定思维拿掉的时候，不再用固定思维的时候，那些超自然能量就出现了。过去我们没有文字，一样可以通过感觉和意念来交流，而现在有了语言方便多了，所以大家都习惯用语言交流，而语言能精准地表达意思吗？不能。有时候我们说出来的话，别人有可能理解成另外一种意思，完全变样了，有没有？这就是用固定思维造成的。固定思维会提前评判，会删减，会扭曲。请问固定思维做出的分析和判断是真实的还是虚构的？完全是虚构的。固定思维一直处于假象中，固定思维活在虚构的想象中，别人根本不是这个意思，固定思维偏偏虚构成另外一个意思，你说可悲不可悲？

我们在看电视，"啪"的电视打开了，出现一个人物画面，这是什么？本质上来说这是一个光影，是一个虚幻的光影，然后这个光影在你面前晃来晃去。有时你会哭，你为什么会哭？因为固定思维虚构了一个故事给你，那是真实的吗？显然不是。

有人看到一个美女，然后他很想拥有她，可美女不理他，他就很痛苦，他觉得很遗憾，很难受。可如果他拥有了这个美女呢？他会更痛苦，为什么呢？因为他的大脑会去想象下一个美女，然后就继续进入痛苦状态。

可你实际看到的是什么？是美女吗？不是，只是一个人形状态的光球，是大脑虚构了一个画面告诉你那是美女，她是真的还是假的？那是假象，可我们就是想把假象占为己有，然后不断地通过大脑去创造一个又一个美好的遐想，网络用词叫"YY"，中文名叫"意淫"。因为你只能靠大脑来处理这些信息，如果你能回到人类最初状态，你可以靠感官系统来接收，或许对面就不是一个美女，而是一种美好的存在，是和你一样纯洁的光，事实就这么回事，可我们宁愿相信大脑给的虚构画面，也不愿意看到真实的世界。

我们日常中的喜、怒、哀、乐、悲、恐、惊都是靠大脑制造出来的，大脑不断地创造假象，所以我们就有了欲望，有了情绪，就会自私，就会痛苦。人之所以有"七情六欲"就因为我们没有进入本质，你看高手很少看电视，因为看着看着就烦了，就不想看了。不就是光影嘛，别人用胶片拍的光影，你看了两小时，之后你生命就没了两小时。你感知到的美好都只是大脑虚构给你的，别不信，我们目前就活在这样的世界里。

所以现在我要让你明白，从现在开始，尽量用自己的身心、用能量、用磁场去感知外面的世界，而不是只依靠固定思维。记下入门法则：

◆入门法则 15：开悟就是用身心去体验和感知，而不是用固定思维去思考和判断。

固定思维能不能知道"心动"是什么？不会知道的，它只能获得爱的理论，可获得不了爱情，爱情是一种能量共振，不是靠嘴说的。如果你看到有人对你说："我爱你！"那是固定思维在说，感觉可以说出"我爱你"吗？感觉没法说话，只需沉默，彼此就能收到，古代有"君子之交"。只有君子之间才有真爱，都是同性恋，以前都是存在的。现在不讨论这个，后面的章节会告诉你"只有同性才存在爱"，现在讲的是你的心里感应到一个人，心动了，就像触电一样，是因为你收到了她传递给你的能量，当彼此感觉到位了，能量就会在这一瞬间爆发出来，"唰"的一下就发射到对方心里，这不需要说话，也不用掩盖，对方就收到了。

所以当你学会静下来感知的时候，你就会发现原来可以和某个人产生共振，有的很长，有的很短，有的持续一生一世，有的持续几年就没了，有的人从来没有见过面。在某一个地方，两个人遇到就开始共振，就会发生爱情，用固定思维创造的词语叫"一见钟情"，用身心来说就是彼此能量吸引，频率一致，最后共振了。这一刻语言和文字是苍白的，一见面呼吸都停住了，仿佛那个人就是自己找了很久的那个感觉，然后紧张，紧接着整个人放松了，愉悦了，内心开始泛起一阵阵波澜。这种感觉非常美，超越了所有性的活动，这瞬间是纯洁的，神圣的，两团光融合在一起了。

老板在企业中对员工真心还是假意，你说员工能不能收到？完全可以，根本不用装，装也装不下去，能量和意识直接过招，所有言行都无法代替。员工的内心清清楚楚，你来我的课堂上课，表面上是听语言，看文字，实际上我是用我的意念在和你交流，有些人听完收获很大，就是因为在意念上和我对接上了，有些人完全听不懂，那是因为还停留在用固定思维思考和评判，明白了吗？

当你看完这本书，你突然决定来我的课上见见我，在这一瞬间，其实你已经进入我的频道，我们在意念上已经通了，是一体的了，不用去想其他事情，我们已经开始沟通了。当我们再见面的时候，你会发现彼此的心很近，这种能力你掌握了，你和你的员工，你的客户，你的上司，你跟周围人都可以用意念对接，如果你状态非常好的话，你甚至可以预见到很多东西，甚至千里之外，不管是过去还是未来，都是可以预见的。

你说你不相信？你和婴儿在一起，他们用的是什么？是语言吗？他们根本听不懂你说什么，你对他稍微有点儿不耐烦，婴儿马上可以接收到，这就是意念。你每天开车回家，车停在车库里玻璃窗每天都关，今天你没关，你一上楼就发现宝贝一直在哭，你怎么哄都哭，等你下楼把车窗关好了，他就不哭了，你说神不神奇？婴儿都是靠这种方式来感知世界的。

2. 进入灵感世界去感知

灵感是什么意思？这个词我们天天说，搞设计的说："提前知道要发生的事情。"这叫灵感？

灵感的定义：大脑停止运作或者减慢的一瞬间出现的东西。所有伟大的发明都是这么来的，所以你想来想去想破脑袋都想不出来的东西，当大脑不再运作了，停止的一瞬间，灵感就显现了。

像阿基米德，都是在大脑不运作的一瞬间，有了闪光点，就搞明白一些事儿了，所以大脑一放慢，一迟钝，感觉就会显现，如果大脑很好用，灵感就没了，所以我们有句老话叫"聪明反被聪明误"，就是这个意思，人不要太聪明，太聪明了，感觉就没了。

有时候看到一个学员，我告诉他，你就是太聪明了，这是影响你事业成功最大的障碍，我不是让你变得笨，但是你依靠聪明你就完了。你要聪明但你不要依靠聪明，你可以靠聪明才智走一段时间，但很快会消失，你需要把聪明才智放下，让感觉出现，让灵感显现出来，你就成功了。

你问我为什么可以知道这么多的东西？这 365 行的各种话题，各种知识，很显然不是靠聪明学来的，而是拿掉固定思维，直接用感知，用灵感直接进入这些行业，直接进入状态就消化掉了，靠的就是直接进入频道。

如果你通过这六个方法拿掉了形式、烦恼、浮躁、"法相"、混浊、固定思维，你就会变成一种能量，一种状态，一种存在，没有什么好坏、对错、意义、目标、梦想、追求，这些"法相"都没了。

我们回顾一下第二篇：

第一个把形式拿掉，把多余的形式简化，都删除掉。你到一个人家里看到装修很复杂，各种豪华家具，说明他内心很空虚。高手家里都是一尘不染，很简单的几个物品。从家里的摆设，人的穿着，每一个点上都能让自己非常透明，直接呈现那个本来面目就行了。我见你一面，就能知道你的家里大体什么摆设了。你家床底下有放东西吗？如果堆满了东西，你身体肯定不会好到哪里去。统统都拿掉，让一切都简化。你不拿掉，你死了之后，这堆东西就会成为后人的烦恼，这些都是多余的。要淡化物质观念，这样头脑就能变得简单。

第二个把烦恼拿掉，进入发呆的状态，进入休息的状态。休息不是睡觉，而是指万缘放下。你约一个人见面，他上午十点来见你，你就知道他没睡好。你跑去做足疗，一边做的时候还一边想着工程款，还思考各种问题，那按摩不但不解除疲劳，还增加疲劳呢。你要身心保持一致，好好休息，烦恼就少了。

第三个把浮躁拿掉，进入自己的心境。真正的静是动中之静，当你持续进入静的感觉，你就能把一切看明白，当你根本不在动，别人在动的时候，你就把别人看明白了。你有困惑就因为你在动，只要让心静下来，就不会浮躁。

第四个把"法相"拿掉，告诉自己，我心即一切，一切皆是我心。拿掉"法相"不是让你去改变，而是有三个步骤：

第一是断，定期的断。美国的大律师，大法官会去餐厅当 100 天服务员，被人骂来骂去，指手画脚，所以回来之后他就知道，他会重新审视他的位置，他的人生，就是把固执的想法断掉，要定期回到生活中。有许多老板一直在办公室坐着就听不进去建议，就因为自己没有把自己断掉。

第二是解，把以前心里放不下的事情都换个角度解一下，换个时空重新理解一下，事情本身没问题，一定是自己的看法出了问题，你解开了也就没了。

第三是心无所束，不生"法相"。你和什么在一起，什么就是你的心，看树是树，看云是云，心就是万物，随时随地可以出神入化。

第五个把混浊拿掉，就进入纯洁状态了。纯洁状态是什么？就是气、声、光、电。你要获得智慧，必须进入纯洁，在红尘中的理解就是"心境破碎"。一个人离婚两次，还是对爱情和婚姻充满憧憬，这就是没破碎；如果一个人离婚一次就已经失望得不行了，没感觉了，这就是心境破碎。破碎了再复原，之后就能进入纯洁了。

第六个是把固定思维拿掉。拿掉固定思维，灵感、意识、超自然能力就会显现。

当你把这些入门的障碍统统都拿掉之后，你自然就进入灵的状态。你心里没有其他东西了，伤心过后没有痕迹，所以你就能跟海在一起，跟树在一起，不管三教九流的人都能融合在一起，这样你到哪里都是舒服的，你怎么能不幸福呢？来什么就拿什么，来了歌就听歌，来了人就见人，来了事就做事，来了欢乐就欢乐。哪有分别心？哪有什么吃，什么不吃？哪有弱小，哪有强大，你能进入任何领域，任何空间，这不是包容，这就是存在，你会发现你真正的存在。

　　真正开悟，获得智慧的人就是不去生活，而是让生活来填充他，不去成就事业，而是让事业来填充他，不去寻找快乐，而是让快乐来填充他，他不需要有梦想，因为宇宙的梦想就是他的梦想，他不想成为什么，他也不知道自己是什么，他没有开始，没有结束，都是别人来定义他的一生，他从来不会觉得自己重要，他无所谓能或者不能，他感觉到有时候自己存在，有时候自己不存在，他拥有宇宙无限的能量，他从头到脚都是顺畅的循环，他的能量生生不息，不断地裂变，放大，最后像原子弹爆炸一样与宇宙融为一体。

　　是不是写的太深了，你无法理解？那回到生活层面，在生活中的表现就是"实实在在地生活"，做一个真实的人，实实在在地跟每天融合，与当下每一刻融合，吃饭时跟吃饭融合，游泳时跟游泳融合，工作时跟工作融合，那你就是伟大的人物。

　　有人说想要成佛，那是走火入魔，一派胡言，真正成佛者就是普普通通的存在，跟生活融合在一起。如果有人来教你修炼什么法门，能达到什么成果，那些都是门外汉，他们显然没有触摸到根本，不明白这是怎么回事。你要做的就是把一切都拿掉，真实地活着，做个"真人"就对了。

第三篇

看到这里，你稍微休息一下，发一会儿呆，做个"515 静心"，然后再继续。

你会发现，第一篇讲的就是尽情地吸收和体验，第二篇讲的就是尽情地拿走和释放。学到此，恍然大悟，宇宙大道就存在于吸收和释放的过程中，一边吸收，一边释放，沉淀下来的就是你的经历，你的感受。

你说如果只是简单的吸收和释放，那像棵树一样，就是光合作用，树能开悟吗？不能。只有人可以有机会开悟，人在吸收和释放的过程中会获得什么？会生发智慧。我们讲那么多，让你拿掉入门的障碍，让你进入心维空间，让你变得通透纯洁，都是为了让你生发智慧。你买书为了获得什么？也是智慧。

吸收和释放的过程就是为了要生发智慧，智慧不是知识，不是方法，不是技巧，不是学问，而是灵觉，是状态，是境界，是能量。什么叫大成就？

就是指浓缩的过程，人家需要花三代人做的事儿，我们三年就做完了，这就叫作大成就。所以我们用有限的生命、有限的肉身在红尘中把过去、未来、当下浓缩在一起，创造财富，创造快乐，这就叫成就事业，这就是成功，这就是我们要学的东西。

一、进入智慧

获得智慧，你将获得你所要的一切。

智慧是什么？

是聪明？超常发挥？做事有方法？经历多？逍遥？有学问？……

这些是不是有智慧？有智慧的结果是什么？有人说："我感觉智慧就是你想到的，一般人想不到。"还有人说："智慧是能发现问题，能解决问题。"

我认为智慧就像空气、呼吸，遇到问题，到那个点就能自动显现答案的东西。

世间万物由两部分组成，一个叫"本体"，一个叫"用体"。例如，一棵树是本体，用树做的家具、盖的房子叫用体；一块石头是本体，用来铺路和盖房就是用体。这些都是有形的，无形的包括什么？例如心情是本体，用这颗心去发愁、去高兴就是用体；回忆是本体，回忆好或者坏就是用体。

明白了这个，以后起心动念就要从"本体"和"用体"切入。我们看员工是看本体还是看用体？当然是看用体。一个人很老实是不是他的本体？他就是那样忠厚淳朴的一个人，这个本体你改变不了，你非要他去干销售，那你不是自己给自己添麻烦吗？如果你用他去管理仓库，那是不是很合适？所以你为什么要改变你的员工呢？本体是无法改变的，你直接把他放在最合适的位置，用体就行了。

智慧的本体是什么？应该是自然界最本质的东西，是永恒的，是一直存在的，是永远不会消失的。所以智慧的本体就是宇宙实相，它是不变的，永恒的，不生不灭的，无形无相的。

那什么是实相？我们举个例子，动和静哪个是实相？有人说："动是一种实相，静也是一种实相。"静不是实相，静是相对于动而存在的，是短暂的，是动派生出来的，绝对不变的是动，动才是实相，动才是宇宙智慧的实相。

一切都在动，这是智慧的本体。在动中显示出星辰万象，显示出大千世界。人要不要动？心脏哪怕停止一刻跳动你就不在了，任何粒子、质子、线粒体、DNA 都在动，你的思维，感觉也在动，所有能量的振动才会显化出这世间万物，而这些显化出来的东西就是用体。

智慧本体是一直在动的，"动"换个词语就是"变"，因此"变"就是宇宙实相，也是智慧本体。变动是永恒存在的，这就是宇宙时刻变化的奥秘。

老板经营人就应该让人动起来。一个有智慧的老板是一直动，还是一直不动呢？当然要动，老板创办企业，最初的时候制定了规章制度，之后就再也没有动过，这就是没有往有用的方向去变，所以你不去改变就是障碍，就会被毁灭。不是让你去改革，而是怎么有用怎么变。今天有用的东西，明天或许就没用了，你不变就跟不上这个时代。这个时代唯一不变的就是变，老板的思维和身心必须一直处在变化中。

中国的改革开放就是靠"变"才有今天，不管黑猫白猫，抓到老鼠就是好猫。每个人都要去改变，不要死板照旧，守着固有的观念，被逼无奈了就会求变，水如果不变就会腐烂，所以水一直是流动的，不流动的水都是死水。人类就是因为不懂变才会迷失了方向，然后走向毁灭，走向死亡。

你今天买本书在学习智慧，是学习一阵子，还是一直要学习？肯定是生命不息，学习不止。因此家长和孩子在一起，也是要跟着孩子变化而变化，可现在的小孩子经常动，家长说是多动症。有些孩子为什么要动？因为能量溢出来了，他需要靠动能把能量耗掉。孩子成长过程中一直在变化，可父母呢？几十年如一日，从来不变，不能接受孩子接触的新事物。孩子三个月时你抱着他，控制着他，现在孩子20岁了你还抱着，还要控制，这样孩子能不叛逆吗！

一棵树在向上生长，生长过程中有没有枯枝烂叶？肯定有。树会怎么做？它不会停下来，然后说："看，有两根树枝断了，歇三天不要长了，我先修理一下。"根本不会发生，树只会向上长，这亘古不变的"动"就是实相，它不会停下来休息，是一直向上长的。会不会一棵树长了三年然后停止不长了？不会。地球上所有的树都是生生不息的，烂了也好，枯萎了也好，根断了也好，只要能长，它就会拼命长，这个过程就是实相。

我们企业是怎么做的？老板今天想出点儿新东西，就大喊："停下来，全体开会，然后改革，然后修整。"一个员工盗窃公司10万元跑了，然后全公司开始整风运动，这就是小老板干的事情，大老板不会这么做，他们能在混乱中让公司一日千里，他们就像大树生长一样，遇到问题仍然一心向上，一心向前发展，只是用点儿业余的时间处理问题，大部分时间仍然是配合全员做好工作。

夫妻两个人吵架了，是停下来干一架，争出个你对我错，还是一转身去做其他事？两个人吵架能解决问题吗？不能。吵什么吵，赶紧做事去吧，这在管理学上叫"转移注意力"。你只管发展，不要管问题，问题自然就没了。道禾大学堂每天遇到各种各样的问题很多很多，但我不会去操心，去较劲，我只做好一件事情，就是拼命往上长，拼命往上发展，你能跟上就跟上，你跟不上我就换人，就这么简单。因为我看明白了这个实相，所以我知道就应该这么做。

人才流失了怎么办？流失了就流失了，换个人不就完了，只要我是一直成长的。上升了，肯定还会有更好的人才来，如果我停下来处理矛盾，停止生长，没等处理完，公司就已经被别人超越了。

所以记下关键的入门法则：

◆入门法则16：你只管经营好自己，一心向上生长，不要花时间去控制别人，操着别人的心，因为你根本改变不了任何人，大浪淘沙，始见真金。

实相就是这样的，生生不息，向上生长，就像马拉松跑步，你往前跑，能跟上就跟上，跟不上就淘汰。你能成为"人"，就是因为你在几亿颗精子中拼命游动，一刻不停地往前冲，你才有机会和卵子结合，你哪怕停下来休息一秒钟，遇见卵子的就是其他精子了，这就是生命的实相。

很多人总想管着别人，你管得了吗？结果别人痛苦，你比他还痛苦。一个公司的员工都走光了正不正常？太正常了，大老板都经历过这个过程。你只管朝自己设定的目标发展就行了，管那么多干什么？夫妻经营家庭、经营感情都是这么来的。有些书上写："好男人是好女人经营出来的。"这是胡说八道，你除了能经营自己，还能控制谁？你只管自己一心向上，不要管他，你看他还会找小三，找小情人吗？跟着你向上都来不及。

男人为什么会变心，就是觉得你跟不上他了，你没有值得珍惜的地方了，他才敢变心。如果他发现一直跟不上你，就会非常怕失去你，多大的诱惑都不会让他变心的。你一直不变，不去经营自己，把自己弄得像个汉子，没有女人味，如果一个女人没有了女人该有的魅力，就失去了筹码，就不值钱了。为什么会这样？因为你不愿意一心向上生长。当你一心向上生长的时候，你看他还敢不敢嚣张？肯定不敢。女人们看完这本书就去试试看，保证他老老实实，每天很早就回来盯着你，怕你跑了，所以，好好经营自己就行了，这是宇宙实相。

实相有多少个？无数个，刚才我们说的生长过程是一种实相，生长过程中不管别人只管长，这是一种实相。再举一个实相案例：水结成冰，冰变成气，气变成霜，根本成分没有变，这就是一种实相。

老板经营企业，要利润，多开店，搞促销，什么都可以变，只有一个不能变，就是魂。做企业的魂是什么？就是发自内心地爱客户。无论客户对我们怎么样，喜欢我们的产品也好，不喜欢我们的产品也好，我们都要毫无条件地爱他们。

你有没有遇到过，你对一个员工很好，很看重他，他犯错了，还能原谅他，还是觉得这个员工很好。但是这个员工私下里说你坏话，批评你，你还会对他好吗？谁能做到？为什么大部分老板遇到"恩将仇报"的员工都无法做到一如既往地对他好？因为老板没有智慧呀！

老板对员工一会儿发火，一会儿要求，一会儿沟通，一会儿怀疑，什么方式都可以用，哪怕员工骂你，你渡他的心也不能受到影响，这样你就能成为绝对的领袖，绝对的人上人。

如果一个员工一会儿变心，一会儿跟竞争对手搞点儿小动作，一会儿私下卖点儿信息，你知道后，仍然发自内心地想帮他，想把他带好，他会不会改变？会改变，而且会快速地超越，这就是我在课上讲过的"你救多少人，你的企业就变多大"。你救你的员工，心里一直想着渡他，不管他过去是不是背叛过你，甚至走了又回来了，你还是想帮助他，这就是大智慧，这就是天道，这就是宇宙实相。当你的心没有动摇的时候，一切就会向好的方向转变。

老板心胸要宽广，要像太阳一样，像宇宙一样有包容力，承载力。你现在的事业一直都徘徊在一个点，上不上，下不下，知道什么原因了吧？就是因为没有真正的渡人之心。你对过去伤害过你的人还怀恨在心，你放不下，会冠冕堂皇地掩饰，说是为了维护公司的形象，所以才要这样做，实际上是你没有触摸到这个实相而已。

智慧本体是什么？是宇宙实相。宇宙实相是什么？是不生不灭，一直存在，永恒的。实相有很多个点，所以我们看《入门》就是要学习找到实相，根据实相来竖立我们的行为策略。说白了，就是你做每一件事情都要师出有名，有本有源，这个"师"就是我们的宇宙实相。

当你明白什么是实相，成功就是自然而然的事情了。你一直对员工好，员工改变是迟早的事情。他今天对你的对抗越大，最后降服之后用处就更大。他总跟你对着干，惹你生气，跟你胡来，做了多次对不起你的事情，你还是包容他，指导他，他会发现这个世界上没有谁能这样对自己，即使是父母也不过如此。然后他会在心里给你跪下，说："老板你放心吧，这后半生我哪儿都不去了，就给你干了。"这是借助大智慧才这样的，要有无限的耐心。你要进入智慧，看到这个实相，渡他就是渡己，一切都烟消云散了。

婚姻也是这样。一个男人出轨了，女人很气愤，在别人劝阻下忍住了，可过段时间这个男人老毛病又犯了，之后更是变本加厉，三番五次地跟你对着干，要和你吵，要和你离婚，你觉得他是在背叛你，你和他对抗，男人就赢了，他拿到了一切。可最终他还是没有逃脱下一个轮回。如果你一开始就看到了实相，无论这个男人怎么对不起你，你仍然是包容他，指导他，同时自己不断向上成长，然后再帮助他，再厉害的男人最终也会被折服，会想："这个世界上再也没有一个女人能像我老婆这样对我了，这辈子我就要定你一个人了。"外面的小三、小情人就会自动消失。这就是女人的智慧，这就是在渡一个人，是发自内心地爱着对方。

古代的圣贤哲人，他们都因为看到了宇宙的实相，然后各自给了一个词，老子给的是一个"道"字。而宇宙的实相是"动"，所以可以理解为：动生一，一生二，二生三，三生大千世界。

我写这么多文字都只是为了让你心里能照见到那个实相，否则你大脑里记住了"动"也好，"道"也好，"空"也好，都没用，都是"法相"。不要说："志一老师用的是动，所以他们都是错的。"也不要以为老子已经用了"道"这个字，别人再用其他的字就是谬论，这都是没有打通，没有照见到实相的结果。推荐大家去看一个电视剧《天道》，很多人都看不懂这个电视剧，很显然是没有进入宇宙实相，没有获得智慧。

看完《入门》这本书，再去看《金刚经》《道德经》就很容易看懂了，变得简单了，知道了什么是"有"什么是"无"，所以我们叫《入门》，就是帮助你触摸到一些根本，然后你才有机会开悟。当你开悟了，一切才刚刚开始。

任何一个人，在任何一个点上，找到一个实相，就会给他命名。例如，老子看到了一个实相，命名为"道"；佛陀照见到一个实相，命名为"空"；牛顿发现万有引力这个实相，就命名为"牛顿·万有引力"。所以每个人都去找一个实相吧，你可以在女人身上悟一悟什么是实相。在每个点上，每件事情上，一下子就进去了，看到实相了，就不会纠结了。

时间是不是实相？不是，时间是人类最大的幻想，是人类为了让一切事物井然有序，规范管理而创造出来的工具，本质上根本不存在。

物质是不是实相？也不是，因为物质都是后天形成的。

狼吃羊是不是实相？表面上看是强吃弱，这是永恒的，可强吃弱只在动物界存在。有大树吃小树吗？没有。很显然这不是实相。

对立和统一是不是实相？也不是，因为对立和统一是二元思维，是分开的，那不是实相。

很多人都知道太极阴阳，这是不是实相？有人把阴、阳理解成两个东西，认为阳是男，阴为女，阳为天，阴为地，所以就认为这不是实相。这是严重的错误，都是不好好学《易经》，其实阴阳始终是一个整体，哪有什么天地之分，天地本为一体，太极里面是你中有我，我中有你，从来都是一个整体。

爆炸和渐变是不是实相？

先来看渐变，树叶渐渐从绿变黄，请问是一下子还是一点点地变化？这个过程是不是实相？这就是一个实相。在常规的运转中，所有东西都是一个累积变化的过程。宇宙大爆炸是不是一个累积的过程？当然是，是能量一点儿一点儿累积到一定的结果才爆炸的。

　　将实相运用到企业中，老板在公司调整政策或想改变员工，是一步到位还是要一点点来？如果老板总想着马上把一个政策落实到位，那就是没有智慧的表现。为什么说"罗马不是一天建成的"？"一口气吃不成个胖子"，这里的核心是什么？是渐变，逐渐变化的过程，这就是实相。

　　永远不要想一下子把问题解决完，这是不可能的。永远不要期待公司没有问题，永远不要期待一下子解决所有的问题。如果你总想着一步到位，你就永远无法成为像康熙那样伟大的帝王。社会的进程是一点儿一点儿在变化的，心急吃不了热豆腐。中国30年的改革开放也是一点一滴在变化，在稳定中发展，一点点裂变。

　　没有智慧的女人就会相信电视上那些美白速成，7天换个新人，24小时见效，3天瘦出好身材，你获得智慧后还会相信吗？这就是愚昧，有智慧的女性根本不会看这些。

　　爆炸是各种因素堆积在一起到了极限开始爆炸的。例如，一家公司的问题已经累积很深了，必须要动手术了，一点点来行不行？不行，公司问题快失控了，爆发了，那就必须立刻动手术，再用渐变就来不及了，直接出手就对了。

　　所以这两个都是实相，一个是渐变，一个是爆炸。首先是一点点地变化，一点点地对接，等吸收到一定的程度，然后爆炸，之后就不断地释放。你以为中国的贪污没人管吗？老百姓的情绪国家不知道吗？这都是一点点在累积的。你贪来贪去，最后都是帮国家临时保管了一下钱，累积到一定程度总有还回去的一天，这就是实相，你照见到了，你还会贪吗？你以为你开公司赚的钱都是你的吗？到最后你走的时候一分都带不走。为什么我们道禾大学堂要捐出 100 个亿，就因为看到了这个实相，这就是智慧的体现。

你在哪个行业工作，就在哪个行业"修行"，跨栏是刘翔的"修行"法门，写板书是老师的"修行"法门，做皮鞋是鞋匠的"修行"法门。只有通过每天的"修行"，持续看到变化，你才能获得智慧，进入实相。

在比赛中除了身体条件要好，更重要的是心理素质。所以，优秀的运动员都能触摸到一个根本，谁更沉着谁就能获得胜利。他们每天是在训练什么？训练自己的心，靠训练让智慧得到释放，从而在比赛中进入"从容不迫"的境界，这就是进入宇宙实相了，所以刘翔创造了奇迹。

你看到有人打牌，打了三五次，牌一直不好，他就在那里发牢骚，这都是凡人，你和这些人在一起，很难成长。高手不会这样，他是从容的，是沉着的，是冷静的，他会等着下一个变化点出现。所以在吃喝嫖赌间也能修炼，这就是高人。

我的法门是什么？是讲课，讲课就是我的法门，如果我三天、五天不讲课，我就完了。所以，我为什么要排满课？为什么要连续 21 天开课？就是这个原因。有人说："志一老师，你这么厉害，可以讲一些高级的课，别讲那些普通的前端课了。"我如果一直讲高级课，大家不都废了嘛。讲课是我的法门，你管我讲什么？讲低端课和高端课，这都是课，都可以帮助生命改变，这么想就对了。你不让我讲课，我马上就会生病，这是真的。现在某些艺人、大师总是想着要整些高层次的东西，和学员弄一些玄奥的知识，还要收弟子，还带着大家跟红尘了断，这不是自寻死路吗？这能获得智慧吗？

如果你总是跟着别人学方法，学策略，不把精力集中在自己做的事情上，你就永远学不明白。你如果做一件事情，做了十年，通过这件事进入了智慧，你就能和我一样，也能获得成就。法门有八万四千种，我不可能每一种都给你讲一遍，你要做的就是专注在自己的事业和所做的事情中，深入、体验、感悟，而不是学习别人的方法。看到和尚在打坐，以为打坐是修炼的法门，然后跟着打坐，这是大错特错的，你只有在自己的某一个点上突破，才能实现一通百通，你就能照见到所有的智慧。

你是数学老师，你就把数学研究透，你是汽车销售，你就把销售研究透。还是那句话，在哪一行，就在哪一行精进，正所谓三百六十行，行行出状元，这个状元是指最好的，最精进的，最专注的，最能深入和感悟的，你就能在这一行获得智慧。我曾经遇见过一个老师讲《姓名学》，号称大师，结果自己过得很不好。很显然她没有通过《姓名学》获得智慧，创造财富，也没让自己的人际关系变得更好，这样的老师不误人子弟就不错了。记住一条入门法则：

◆入门法则 17：一个人不能在自己的事业上深入、体验、感悟，就是不务正业。

不要和别人比较，比谁买了大房子，谁赚的钱多，但是你可以和别人比一下你在事业上的深入程度，这是可以比的。

每个人的实相都是回归本我，"修行"的最高境界就是回到本来面目，就是回到本来的"我"。"建立自我，追求无我"，就是说在建立自我的过程中把"我"变成本来面目，然后再追求无我。

二、进入一体

我们每个人的本来面目是什么样的？是有分别心还是没分别心？是有时空概念还是没时空概念？构成我们最基本的元素是变化的还是不变的？是有相的还是无相的？

从过去到未来，我们的本来面目是有还是没有？没有。那没有是空的还是存在的？我们本来的状态是什么？事实上我们的本来面目就两个字——空和无，你能感觉到吗？

所以，当我要求你们把一切都拿掉的时候，你就能以宇宙实相的状态存在了。什么叫入门？入门就是拿掉一切眼耳鼻舌身意，色身香味触法，拿掉外在的"法相"、情绪、烦恼、意识、生老病死，然后你就进来了，你就入门了。此刻你还有没有分别心？没有了。你还有没有痛苦烦恼？没有了。什么从容，什么放下，这些概念都没了，因为每个人都是一样的，我们的本来面目都是一样的。

所以宗教讲慈悲，拥有慈悲心的人都有什么能力？两个字——通灵，慈悲就是通灵，最后可以发现"众生一体，因此通灵"。通灵就是能用最基本的状态与万物对话、交流、沟通，因为每个人从根本上都是一样的。

《入门》第三篇是教你进入智慧。智慧是什么？智慧是宇宙实相。进入宇宙实相，必须"修行"，通过专注真正让自己天赋发挥出来的事情上。你要慢慢找，慢慢悟，最后你进去了，你发现了宇宙实相。宇宙实相是什么？是本来面目。而我们的本来面目都是空的，就是一种存在，一种基本粒子，然后我们发现和植物、动物、生物的基本粒子是一样的，原来大家都是一体的，然后就发现"众生一体，我心是一切，一切是我心"，这样就都明白了。

看这本书能弄明白吗？我猜很难，因为这东西单独悟是很难悟出来的，我们都是在课堂上一起参悟的。通过集体悟才能触摸到，大家的能量叠加在一起，精神力集中在一起，才能打开人世间最有效获得智慧的入门通道，这是历代高手都无法触摸到的东西，是单独悟的人一辈子都参悟不到的东西。你现在明白是我要开《弦外之音》还是大家要开这个课程了吧？是我们的本来状态需要。

男人回归本我状态不如女人来得快？为什么？都说男人不自信，很自卑，因为男人都是女人生的，所以全世界的男人都会自卑。所以男人需要追求成功，追求建树，而女人不需要，女人不自卑，不需要追求建树，只需要证明自己存在就可以了。有些女人第六感很强，是因为这些女人心里覆盖的东西少，她们很纯洁，所以她们的虚妄思维也比较少，这种女人就很从容，所以就容易幸福。男人一出生就偏离本我的，而女人更多的是接近本我的，所以本质上来说男人并没有进化完，他们下半身都是野兽，而女人是进化完的，女人每个月都有经，每个月都能回到本我，但是男人没有，男人会越走越远，女人会不断回来，女人回来的那几天学习是很容易通灵的，所以女人的灵感就比男人强，就比男人有智慧，就比男人寿命长，也就比男人更容易回到本我状态。

所以，如果你还活在恩怨情仇里，那你就会在假象里面，如果你照见到了本我，回到本来面目，这些恩怨情仇就都烟消云散了，所以你吸收，然后再释放，这就完事了。然后慢慢地远离颠倒梦想，涅槃。涅槃是什么？涅槃就是回归到与宇宙一体，不生不灭。所以涅槃就是一种状态，一种回到本来面目的过程。

我们每个人经历不同的体验，就是为了要体验到一种美，是什么样的美？心灵的美好，心灵的喜悦，如果你这一生从来没有体验过心灵的喜悦，你活40年，80年，拥有一切江山也是白活，也是痛苦不堪，也是和木头一样。你进化成任何形态的物质，如果没有体验过喜悦的感觉，你活90岁和9岁实际上没有差别。什么叫作孽？什么叫罪人？就是你没体验过真正的喜悦，真正的美，无法找到并带走这份感觉，我指的喜悦不是从外面体会到的快乐，而是从内心来的，是"触电"的感觉，有点儿像你偷偷爱上一个人那样，是心里散发出来的甜蜜，是在心里完全融化的，这也是作为人才能体验到的喜悦。

人与人之间的核心点是什么？是人极致的追求，在精神世界就为了一个字"情"，男女之情，男男之情，女女之情，都是一个感觉。人与植物、人与动物都没法达到"情"这个境界，只有人与人之间才会彼此心动，才会为"情"付出一切代价，会付出自己的生命，一切结果都在所不辞。有时候，有些学员和我在一起，就算不沟通，也能彼此感应到，心里相互欣赏，相互感觉美，这就叫："人生得一知己足矣，斯世当以同怀视之。"有些人认识十分钟就可以磕头拜把子，彼此无法抗拒，这就是心动，这就是"情"。

所以夫妻两个人学习，就能共同在一个点上进入宇宙实相，在某一个点上回归本我，两个人在一起不用做爱，灵就动了，就开始同频共振了，如果此时两个人肉身对接，灵又在一起，这就叫"灵肉结合"，是最美的时刻。

学问可以改变气质，智慧可以改变心境。一个男人对一个女人心动了，他的脸就会变。当一个女人喜欢一个男人的时候，她的脸也会变。只要心动了就会变。为什么一个人不可能爱上另一个人，而是会爱上一类人？你爱上这个人，那么他这个类型的人你都会爱；你爱她，她形象很优秀，气质很优秀，那她这类人你都会喜欢。只不过在你的时间、空间都有限的情况下，你只能和这一个人在一起，如果时间足够的延长，可以让你活500年，1000年，你就有机会和很多人在一起，整个社会结构都会发生天翻地覆的变化。当你最后回到本来状态的时候，你会发现你本来就和所有人在一起，你和她们的灵本质上都是在一起的。

　　我们每个人都有过"触电"的感觉，任何人都有。就在那一瞬间你为了一个人心动了，触动的片刻只有瞬间，那个瞬间就是宇宙实相，瞬间就是永恒，而这种体验是无法消除的，一直跟着你轮回，如果你能经常触电，就能经常回到宇宙实相。为什么那些年纪大的要找年纪轻的？就是为了能"触电"，为了能让自己心动。许多人结婚后不到十年就彼此死亡了，因为什么？就因为彼此不再触电了，没有心动的感觉了，那样衰老的就会很快，所以你的灵需要在下一轮立即触电，就等肉身早点儿结束，所以代谢就非常快，细胞就不想工作，因为心死了。

　　就此我们触摸到男人与女人之间的终极秘密：爱情就是互相牵挂与共同成长。你以为一个人学习叫成长，那不对，要两个人进入灵的世界才叫共同成长，那才是幸福。而真正体会到的人在这个世界上有多少呢？如果彼此不能相伴成长，不能彼此牵挂，不能见面就心动，那还不如从头来过。

　　未来人们要活下去的唯一通道就是所有的人都可以照见到本来面目，都能感觉到自己是真实地活着，只要我们在心里产生心动，产生喜悦，"唰"的一下进去了，那我们全人类一半的人都能进入这个状态，都能"唰"的一下变成一体，这个地球才能进入下一个维次。

　　为什么看到婴儿觉得可爱？因为婴儿出生的时候在本我状态，是宇宙实相，所以看着就是美的。你看到宝宝两只眼睛一眨一眨地看着我们，你就笑了，你跟孩子那一瞬间心动了，所以你和他在那瞬间都进入本我状态，进入了一体。有时候你和孩子玩的时候你会心无杂念，玩得很痴迷，完全进入某个状态，等到回过神来，都忘记时间了。

人生第一大风险是什么？就是学错东西，装了各种颠倒梦想的知识，然后把自己折磨得痛苦不堪。你要学会看一个事物的本体和用体，然后进入智慧，进入实相，进入一体，这就规避了风险。

什么叫悟道？"悟道"就是发现和照见实相，"修行"就是进入和成为实相。说来说去，就是让大家在历练过程中实践，如何拿掉入门障碍，如何清空自己，如何变得纯洁，如何发现实相，最后找回"本我"，本来的面目，然后变成一体，这就是最大的智慧，最根本的宇宙实相。

一体是宇宙最根本的实相，进入一体也叫获得"大智慧"。整个宇宙就是一个整体，一个生命，人与万物是一体，这就是根本的智慧。我这里写个"大"是方便你们理解，实际上智慧没有大小之分，这么写都只是让你大脑知道个大概，你的"本我"需要靠慢慢地体验才能悟到书中所写的东西。

再举个案例，在一个公司，老板能吸引员工，最根本的是什么？员工为什么愿意把心交给老板？跟着老板走？是因为你对员工好吗？那等于你什么都没学到，还活在旧社会。你要明白老板和员工本来就是一体的，表面上是老板吸引员工，实际上是员工吸引员工自己，当老板回到"本我"时，那就是员工的本我状态吸引着员工自己，也就是说，过去员工迷失了自己的本我，现在他在这里可以感觉到自己是在回归，老板可以在很多点上回归到本我，而员工没有，所以记住：老板能吸引员工最根本的原因是员工的本我状态吸引员工自己。这句话能理解过来吗？

老板最大的魅力是什么？就是回归本我，这就是领袖的风采，这个怎么表现出来？用现在的话就叫"怎么才能有凝聚力？"怎么才能有"向心力"？就是老板看上去是个什么人？真人，这样就会有吸引力。员工喜欢真实的老板，喜欢真实的人，没有人可以抗拒真实的人，谁也抗拒不了，不是用什么积极向上，这些都是鬼话，你只要真实，不用假，员工就愿意跟着你，你如果是虚伪的，花言巧语的，口蜜腹剑的，整天剥削员工的，你说谁会跟着你啊？

十个人之中，有一个人是简单的，你会发现那九个人就会围着那一个人转。就是这样，真实、自然最有杀伤力，某些老师开口闭口就是什么"企业商战"，什么"总裁思维"，让人变得尔虞我诈，算计来算计去，这能长久吗？这能叫智慧吗？

一个简单的人，哪怕不识字，照样可以是一个有智慧的人，也会成为有爱心的人，博爱的人，做到"老吾老以及人之老，幼吾幼以及人之幼"。

做领导的大忌就是看到一个人印象好就多说两句，看到一个人印象不好就批评两句，总是记着这个人的第一印象，这样怎么渡人？这就是分别心，你没有看到一体化，你要看到每个人都会赞美，都能生出爱意，都没什么分别，都是平和的，这就是有智慧。

你看到人家离婚三次就挺吃惊，你看到员工不懂礼貌就很生气，你出国看到各种奇特建筑就大惊小怪，这些都说明你还没获得智慧，这些有什么好惊讶的？这难道不正常吗？太正常了，你要修炼的就是没有分别心，他有礼貌或者没礼貌，你的内心都不起任何波澜，都是平静的，看什么都是一体的，任何建筑本质上来说都是一样的，都是住人的，这就可以了。

为什么科学越发达，人类越痛苦，因为科学本质上翻译过来叫"分科之学"，它把什么东西都分开看，这个器官和那个器官不一样，这是骨科，这是外科，这是内科，这是神经科，最后个个都要成神经病了，而人本来是一体的，智慧是让人往一体看，为什么有些人书读得越多，学问越高，就越不容易成功？因为他都是分开看，分开管理，他不明白一体的概念，所以社会越发达，信息越多，人就越痛苦。

你有没有发现我们总感觉自己在寻找什么？冥冥之中我们的一生都在找一样东西？有没有这种感觉？好像丢失了什么东西？怎么回事呢？人们有意无意地都在寻找着什么？还记得哲学的三大问题吗：我是谁？我从哪里来？我要到哪里去？

每个人从小都有这样的疑问吧？每个人都在找寻这个答案，是的，答案就是"本我状态",就是"一体",我们原来非常非常美,这个美就是本我的存在。

现在你就明白财富这些东西基本够用就是好的,多余的怎么办?散出去啊,这样就变得简单了,因为你真正要的不是财富,而是本我状态,这是每个人都在寻找,都非常渴望要获得的东西。许多人以为金钱是一切,有了钱就可以买到一切,他体验了一种又一种,后来发现都不是自己想要的,最后迷失了自我。

从人类诞生开始,一直进化到现在,这个世纪仍然是人类回归的世纪,人类需要重新找到自己的精神家园,进入本我状态。

你看欧美国家到下午六点就马上休息,周六周日就是度假,你给我钱让我加班我也不要,到点我就要去和内心在一起,所以有一部分区域的人正在慢慢回归,为什么灵性科学在美国那么受欢迎,很多优秀的导师都在那里讲课?因为他们渐渐地从物质世界走向精神世界了,钱赚那么多有什么用?心情不快乐,总觉得少了些什么,给再多的钱都没用,这是一个过程,每个人都要经历。

真我的时代即将来临,每个人都将回归精神家园,每个人都会觉醒,当我们在这个社会越来越有影响力,我们的存在让更多人改变,就会有更多的人觉醒,从而走进实相,最后进入一体,这就是最大的宇宙实相。

三、进入空

什么是"空"？"空"不是没有的意思，而是似有非有，空的状态是未显化的状态，是未生成的状态，比如说一个鸡蛋里还没有孵出小鸡，但已经有了某种混沌的东西，就是这个意思，地球爆炸完了，一切基本粒子和细胞还没有开始进化，混沌未开的时候，这个就是空了。

老板的最高境界就是要长时间保持"空"的状态，在特殊的时候，就生成一个"相"用一下，用完之后再进入"空"。

例如平时很和蔼可亲，需要发火的时候就发一次，发完之后又进入平和的状态，老板能达到这个状态，就到了"出神入化"的境界了，用的时候出现，不用的时候就化掉。你看一个大老板走进人群里就认不出来了，这就是他保持"空"的状态，什么都没显化，可是他随时可以显化成领导、父亲、领袖、君子，随时可以儿女情长，这是可以瞬间转换的。

当我们处在"空"的状态，一切都是圆满的，和谐的，平衡的，就是平时无形无相，该到显什么形，露什么相的时候，就能马上转变成什么，也就是"见人说人话，见鬼说鬼话，在什么地方显什么相"。老板要学会放下欲望，放下执着，你看看有多少老板刚步入中平，发现血管堵住了，然后开胸了，赚的几亿家产都还回去了，发现一切都晚了，是不是这样？

人类寻找一切刺激的方式，高空跳伞，蹦极，冲浪，过山车，这些都是为了要在一瞬间进入空。

还记得前面我说过，我们的本来状态就是"空"和"无"，进入一体，就是带你进入"空无"，让你先感觉到自己的存在。

写到这个深度，这概念能明白吗？不明白也没关系，因为文字和语言的表达是有限的，让我们复杂的大脑明白这些是很难的，多练习静坐和冥想，你总有一天会触摸到的，如果你说你晕乎乎的，反而是着点边儿了。

好吧，进入一体，也就是进入空，这两个是一回事儿，我们把这个实相、这个智慧吸收到了，然后就要开始释放，开始显现，我们看看首先释放的是什么？

四、灵　活

首先释放和显现出来的是"灵活"，这是一个很重要的实相。

有智慧的人从来不会觉得自己很重要，他们呈现的实相就是"灵活"。那 究竟什么是"灵活"？

灵活就是指一切都是活泼的，一切都是生动的，凡是僵化的、死的、假的都意味着毁灭。

看看我们的企业，搞个规章制度，请问制度能让员工舒服还是能让员工绽放？你的家庭氛围是严肃的还是活跃的？你喜欢压抑还是喜欢热情洋溢？很明显，每个人都喜欢鲜活的、有生命力的环境氛围。

怎么证明自己是活的，是有生命的？看看你的腿脚是不是柔软的，灵活的，如果你的手脚是僵硬的，那你肯定在衰老。

所以一定要学会灵活，活泼的会更好，不活泼的就有问题。

我宁可和活的坏人来往，也不和死的好人来往，就算他真的品行很好，我也不怎么和他来往，要少接触，因为你会跟着他一起压抑。

如果你和一个活的坏人在一起，没什么大不了，你自己保持好心态就可以了。你怎么判断他是活的？就是他有热情，有激情，有动力，活跃的，这样的人就会给你带来能量，他能让你保持活泼，保持向上，这个太重要了。

所以我们学到这里，就知道在红尘中具体的应用就是"灵活"，换句话说，人需要释放热情，释放激情，释放活力，这些能量首先是你进入根本，触摸到的本质上的东西，发现万物一体，同时进入空，最后融会贯通后就能释放出来的。

你看那些有热情的人都是挺简单的，孩子是不是比大人有热情？因为孩子们的大脑不会考虑得很复杂，他们该怎么样就会怎么样，所以就容易活力四射，可现在越来越多的孩子不够活跃，不够活泼，这都是为什么？都是因为被补习控制了，失去了乐趣，没有玩耍的时间。

所以要让孩子变得有智慧，自己首先要能走进智慧，每个人都可以在这种状态下开悟，在整个修炼的过程中你会发现这个世界一直是变来变去，我们往往就是在变化中失去了定力，失去了方向，失去了智慧。

古人云："勿忘初心，方得始终。"就是为了让我们能在变化中保持方向不变，让我们能一直保持初心，让我们能不断地坚持，这最后浓缩两个字，是什么？就是我课堂上一直说的："持续"，这是我们需要释放的第二个实相。

五、持 续

持续就是生生不息。地球会不会转一会儿停一会儿？你的心脏会不会跳一小时，然后休息一小时？太阳会不会下雨就不再升起了？都不会啊。

宇宙本来就是生生不息的，持续是宇宙实相，万事万物都是在持续中进化着。

学习是不是持续的？改变是不是持续的？吸收是不是持续的？释放是不是持续的？一天三顿饭是不是持续的？每天睡觉是不是持续的？太阳升起下落是不是持续的？你会发现身边很多事物的规律都是持续的。

老板每天持续做什么？在红尘中"修行"？怎么"修行"？老板每天持续做的，持续经历的事情就是"修行"，这就是入门的法门，如果老板的"修行"是每天念经这是不是很可笑？老板每天都可以通过持续要做的事情当中进入本体，进入实相，老板每天办公的过程就是"修行"的过程。

过去你领导的是 60 后，70 后，现在是 80 后，90 后，再慢慢地 00 后也到工作岗位了，你还穿一样的衣服吗？说一样的话吗？你这样做，看看还有哪个员工会和你想的一样？会喜欢你？你要不要变化？当然要变啊，这是实相，你说你做不到，那你就需要慢慢"修行"，直到做到为止。

一个人怎么才能健康？就要持续，就要做持续健康的动作，有人说吃蔬菜沙拉对身体好，弄了一周的量，然后这一周吃得很舒服，身心也很顺畅，但是一周以后可能就觉得没必要了，就懒散了，然后就不持续了。还是那句话："勿忘初心，方得始终"。

告诉大家一个吃早餐的方法：就是早上先喝水，然后再吃蔬菜水果。早上 6 点起床，第一件事情准备 500 毫升白开水，然后把冰箱打开，拿出哈密瓜，葡萄，完了放餐桌上，因为刚从冰箱里拿出来，直接吃对胃不好，然后可以看看书，或者出去散步，回来后把水喝了，然后吃水果，最后可以吃碗粥，再弄个鸡蛋和花卷，就这么简单，这一天的能量都补充完了。有学员照这个方法吃了两年，今年 40 岁了，体能就像个 28 岁的小伙子，这个学员以前特别胖，现在完全变了，这个方法是不是很简单，可你要持续，你不持续就不会达到这个效果，请问有多少人可以持续呢？

记住，早晨起来要喝温水，这比啥营养品都好，你能持续 10 年吗？

35度左右，直接吸收。健不健康比的就是谁能坚持，坚持就有能量，就是实相，另外每天要吃蔬菜，蔬菜不是为了营养，是为了每天可以排便，最后就是吃粗粮。

剩下你在什么书上看到的什么养生法门都不是核心，你能持续的做到这些，你就比谁活的都长，人和人之间比的就是持续性，老板经营人，经营团队还是比持续性，持续是成功最重要的法门。

风投公司为什么要投你的项目？就看三件事，老板个人，团队，项目本身，最重要的就是老板个人，看老板身上有没有一种"持续"的能量，看你过往的经历，看你的工作习惯，看你的谈吐风格，如果感受到你有"持续"的能量，风投公司就会围着你转，这是很简单的道理，哪怕你项目不好，风投公司抽屉里好项目一摞，他会让你选，然后你可以花10年，20年的时间带着大家去做事，这就是持续性的威力，这样的人多不多，少，很少，几乎是凤毛麟角，因为现在的人都太浮躁，都定不住，所以公司开了就很容易关，都没法持续。

我在课堂上反复要求每个人都要写精进日记，可几千个人中真正每天坚持下来写日记的也就那么几个，而且写出感觉的更是少，所以这事儿看着简单，实际上不容易。有人曾经说过："当你破产的时候还有人追随，你已经在成功的路上了。"当有人看到你身上具备的"持续"东山再起的能力，这样的人就是高手。

有人来学我的《万能语言》，三天下来学得很来劲，学得很过瘾，然后呢？一个月后安静了，消失了，停止了，这样的人多不多，很多，他们就是没有持续性，你看我每年都会花数百万在全世界各地学习，我都这个状态了，也没有停下脚步学习，你这样就停止了，那你就会被淘汰，被整个社会甩在后面，所以学习是不能掉队的。

成大业者的一个特质就是比一比谁能十年如一日的去做一件事情，看明白，就是持续性，这是宇宙实相释放出来最重要的智慧。

有人看过《羊皮卷》吗？上面写的什么？上面写"耐力比力量和激情还要重要"，你有激情，有力量，没有耐力行吗？根本不行，所以我先简单写了一下"灵活"，然后又写"持续"，因为你灵活一阵子有用吗？没用，你要始终保持灵活的状态，这是要靠持续的力量。

这些都是从哪儿悟到的？宇宙实相呀，你看宇宙，你看星球，都是在持续地延伸，持续地转动，你看海浪会突然停止吗？不会的，都是持续的，生生不息的，如果有一天大海停止了浪花，地球就完了。

今天你把《入门》这本书看了一遍，这就算学完了吗？不行啊，你需要像我一样，把这本书放在枕边，当成枕边书，要持续地去翻，去悟，这本书是我参考了自己学习成长十多年的笔记，并进入了某种状态下才写出来的，可在平时生活中我需不需要悟？当然也需要，这或许要几十年的时间来"修行"，去实践，去体验。

在这里，我希望每个阅读这本书的人，如果你想有一番成就，从现在开始每天写一篇"精进日记"，推荐公众号关注"肖翔的精进日记"，看看他怎么写的，不要太多文字，写自己今天一天的感受，你遇到了什么事，你看到了什么东西，你学习到了什么，然后写下来，然后把你悟到的感觉都记下来，几百字就行，每天这样写，一年后你就会看到自己身上惊人的变化。

六、进入智慧

　　宇宙本身是个生命，它正处在进化的过程中，这是实相，而当你进入智慧以后，你发现智慧也是一个生命，智慧也会进化，这都是实相。

　　许多人会很惊讶，宇宙是一个生命体吗？当然是，你看地球是不是一个生命？地球从开始到毁灭有没有一个过程？有，未来地球上的陆地会不会消失，肯定会消失的，几百亿年前地球就有很大的文明，现在我们整个印度洋，太平洋下面都是文明，都是国家，尤其是南极和北极下面都是城市，只是目前人类的科技探索不到，完全冰封住了，地球这个生命体不断地从生到灭，再从灭到生，宇宙难道不是这样的吗？宇宙也是如此啊。

　　我们这一代人类就处于进化阶段，也就大概十五，十六岁的模样，还没成熟，这个阶段人类可以圆满吗？不行啊，还没发育好，都在发展阶段，连目前这一轮的地球也在发展。

那老板在企业就要明白，员工是不是也在进化的阶段？刚进来的员工成熟吗？不会成熟。如果你总是要求员工刚来一个月就要能十全十美，样样都行，那发展阶段永远不会完美的，这不是开玩笑，那你要怎么改善员工的不足之处呢？有智慧的老板根本不会盯着员工的缺点，他们只要发挥员工的优点就行了，我在课上是不是说过"成功在于发挥优势，而不是改善缺点"，这就是智慧。

我们进入智慧，成为智慧，就会进入一种纯净无染，安详自在的状态，见到什么人，遇到什么事，马上就能融会贯通。

当我们知道了地球是个生命体，再来看看国家，中国目前也处于发展中，也是朝气蓬勃的生命体，一切都在完善，大家不要急，要慢慢来，都不容易，都在进化中，都是正常的，要理解万岁，我们国家的领导人都不容易，我们要为自己的祖国感到骄傲，因为有这么优秀的领导人感到自豪。

宇宙在进化，地球在进化，国家也在进化，人类也在进化，都不成熟，你要求人迅速成熟可能吗？每个人都在成长阶段，你要他立马就"开悟"，人的基本欲望还没满足呢，都没受到伤害，都没体验到根本，就想直接开悟吗？过去三千年来，无数先贤圣人都是在急于求成，他们希望人们都早点看明白，可是几千年过去了，这个时代还是这样，没有半点变化，人们的幸福质量甚至比过去还更糟糕了，这就是急躁惹的祸，我们唯一要做的就是吸收先人的智慧，然后慢慢释放，慢慢流淌，慢慢绽放，不急不躁，像宇宙一样，不管发生什么，宇宙持续延伸的过程一刻不停，最后才能与智慧一体，这样才是开悟。

当我们把这些都弄明白了，生活中大大小小的事情就不会困惑了，人生不困惑了，就能进入自然的生生灭灭，也就明白所谓的"修行"也好，开悟也好都是为了打开自己的智慧，最后进入智慧本体。

人生最大的福报是什么？

人生最大的福报就是与智慧一体，就能开窍，就能开悟，继而在谈笑生活间生发出一切，让思维在宇宙实相中自由穿梭，那就是最美时刻。

可还是有人看到这里说，我不明白，究竟怎么才能有智慧？有什么具体落地的方法让我可以进入空，进入智慧呢？那我们进入《入门》第四篇。

第四篇

人学习就是为了要获得智慧，有了智慧身体就变得通透，思维就开始通灵，世界万物就与自己通和。

人的智慧如何才能打通？《入门》第四篇就是帮助你三通：

第一通——筋骨通

只要一个人的筋骨通了，他整个人也就打通了，不是每个人的筋骨连接方式都一样，所以每个人打通筋骨的方式是不同的。人为什么会累呢？都是按标准做事，包括玩、锻炼、健身都会按固定的思维方式来进行，所以才会累。为什么第六感不强？不容易找到感觉呢？就是因为筋骨未通，气血无法真正的循环，所以要帮你打通筋骨。

第二通——思想通

就是指思想观念，我们有什么问题导致思想观念不放松？其实最消耗我们精气神的就是我们的思维。我在课上说过，只要一个人的思维混乱，那么你的呼吸也是乱的，你的呼吸一乱你的智商也会混乱，所以就会出现问题，收获智慧的目的就是要在意识上没有障碍，所有思想是自由流淌和传递的，根本不需要语言和文字，这就是思想通。

第三通——性情通

一个人看上去没有状态，没有魅力，就是性情没通，什么是性情通啊？为什么要有性情啊？因为性的作用就是为了性情通，如果你在性活动的时候，觉得浑身累，就是性情没通，没有作用，如果你在性活动的时候不累，整个过程是升华的，舒服的，愉悦的，不知不觉的，这不是体力活，那说明你的性情是通的，是产生作用的。

这就是三通，这三个通了以后，你再去历练，你会发现历代先贤的智慧都在你的身体里显现出来，你用的时候，心马上就能接收到，然后就能随心所欲地使用，好了，先进入我们最重要的五行动能和互扰。

一、五行动能与互扰

为什么地球是生生不息的？为什么所有生命体都会生生不息？这个动能是从哪里来的，你想过没有？

动能就是指能量。能量是什么？能量这个词很广泛，我们看看老祖宗怎么解释能量？

我们在《易经》里找找答案，《易经》里面有一些五行的学问，五行就是研究能量的，也就是俗称的金、水、木、火、土这五个自然元素。它们是构成自然界的基本要素，金生水、水生木、木生火、火生土，土生金，这些大家都知道，五行的运转揭示着宇宙能量运转的奥秘。

现在许多地方打着《易经》的名号进行算卦，占卜，还有用奇门遁甲或者九宫飞星给人算各种运势，摆弄各种风水，这些其实离真正的《易经》都越来越远，虽然这些技法在实际运用中有一定的效果，可最终还是我心为法，所有的方法都离不开五行的能量，一个不懂五行奥秘的易经老师，仅仅靠工具和口诀那是不会长久的，当然这个世界上也有真正懂《易经》的高人，可是这样的人基本很少了。

不说这些题外话，我们继续来研究五行有哪些动能。只有掌握了五行动能，才能在根本上打通你的筋骨。

木，也就是我们说的树，是在生长中产生动能。

火，是生生不息的燃烧，是在燃烧中产生的动能。

土，是喷发堆积的过程，是在蕴藏变形中获得动能。

水，是物质的流动和融化，是在流淌中产生动能。

金，是金属的变化，是从软到硬，不断坚固的动能。

这些动能都是持续的过程，而持续的动能就能产生能量，地球自转这个动能哪里来的？物理学上说是太阳引力，太阳在转动，所以地球跟着转动，这个思维只能停留在太阳系，我们讲的是宇宙，你就要超越太阳系的思维，不要整天围着太阳转，请问太阳的动力哪里来的？银河系？这扯得没完没了了。

地球自身在转动，是因为宇宙中的其他星球，互相"干扰"产生的一种支撑力，就像齿轮和齿轮咬合时，一个齿轮转动，另一个齿轮也会跟着转动，那现在我们把齿轮分离开，中间只剩下空气，一个齿轮继续转动，另一个齿轮靠空气也跟着"转动"，这样能理解吗？有点像磁悬浮的原理，是一种悬空的力，两个星球之间有一种力，看不见，摸不着，你可以叫它"引力"，也可以用两个字记住它"互扰"，也可以叫"悬空造化场"，我觉得"互扰"更形象一点，两个星球，一个在转动，另一个也跟着转动，相互这样悬空支撑着，纠缠着，互扰着，这样你就明白地球生生不息的动能哪里来的。

地球的动能是自己产生的，还是太阳牵引的？都不是，是互扰的，互生的，所有的动能运转的能量都是通过互扰后产生的，记住，不是共生，共生是两个人的力量往一个方向，互生是两人的力量相对着，是相互之间产生的作用，这个概念也是本书非常重要的一个理论，一定要认真学。

那有人就会问，他们是互相干扰着转动，那转之前那个最初的能量哪里来？

答案是：大爆炸，来自于宇宙大爆炸，爆炸后有一个微弱的力量，这个力量因为被另一个力量所互扰，所以就悬空着相互排斥，又相互推动，相互加持，到最后趋于一种平衡，然后就生生不息地产生了互扰并自转的动能。

所以讲到这里，我们就要进入实相，进入动能的实相，宇宙本体通过互扰而有了生生不息的能量，其核心就是相互干扰，现在要开始明白，我们要有能量，要有行动力，要有动能，是靠我们自己生发，还是靠外在的力量？答案都不是，而是靠彼此互扰！

同理，世间万物，我们要进入他们的根本，看到规律，进入智慧核心，靠什么？互扰！对啊，只有通过互扰才能有动能，才能进入智慧，学到最后就一个词，就是互扰，全力以赴地互扰。

"互扰"这个词是我能找到最接近我想表述的那层意思的词语，请不要用你大脑中的互扰来理解"互扰"的意思，你要去感受那个感觉，两个物体没有碰在一起，却能相互融入对方，你如果对"互扰"这个词理解不透，也可以叫"干扰"，叫"纠缠"，叫"牵引"，叫"悬空造化场"，你自己用心去抓到那种感觉就行。

世间万物都无法自生，必须靠互生，而互生的核心就是互扰，当下我们就来谈谈，老板怎么借助五行动能做事？

木，生长的动能。老板要找有生命力，有生长动能的人在一起，这些人有谁？自己的孩子、生命力旺盛的小伙子、小姑娘，这些都代表生长，多跟他们产生互扰，相互推动，相互吸引，相互借力，这样你就越来越有动力，越来越有活力，如果你身边都是一些五十岁，六十岁的人，你说你还能有动能吗？早就"奄奄一息"了，所以老板有生命力，就是获得了木的动能。

火，燃烧的动能。老板要找有激情，有热量，阳光心态的人在一起，他们就像太阳一样持续地燃烧，持续地带动公司的氛围，他们朝气奔放，蓬勃成长，和这样的人在一起，老板就能获得火的动能。

土，蕴藏的动能。老板要有见识，心胸要广博，要开阔，就像大地一样，学识上要活而不蕴，博大精深，同时要有气场，能藏得住自己的缺陷，当看到像金子一样的人才时，就要给予支持和鼓励，土可以生金，所以这就是土的动能。

水，流淌的动能。老板要和灵活的人，有包容力的人，抗压力强的人在一起，这样的人万物不争，能屈能伸，能低低在下，也能高高在上，你和他们彼此互扰，也能变得灵活，包容，多变，这就获得了水的动能。

金，坚固的动能。老板要有坚强的意志力，要有霸气，你说你这个人很老实，要买本书去学霸气，这像什么话，你直接找一个霸气的人一互扰你就有了嘛，老板从思想到意志都是坚固的，敢作敢当，这就是金的动能。

老板要拥有五行的动能，身上没有什么，就和什么样的人在一起，互扰一下，好的也互扰，坏的也互扰，有坚固的就坚固一下，有温柔的就温柔一下，有爱喝酒的就喝酒一杯，有喜欢打牌的就打牌一会，有喜爱旅游的就一起旅游，这不用去修，不用去学，不用去悟，直接两个字"互扰"，这就行了，用这个落地的方法来获得智慧是不是很简单？互扰之后你就能慢慢获得这五种能量，就拥有生生不息的状态，筋骨自然而然就通了，这样是不是一下子豁然开朗了？

掌握了本书最核心的"互扰"，我们再回顾一下前面的几篇，怎么想明白生死？怎么看破红尘？互扰呗，互扰就能无关生智，局外生慧了，怎么拿掉入门的障碍？通过互扰就能拿到多余的形式，多余的烦恼，多余的情绪，怎么进入宇宙实相？还是互扰，你说你一个人坐在家里看书，你能不能悟出这些道理来？不可能啊，给你悟十年你也悟不出来，可你来到课堂上，给你一互扰一下你就明白过来了。

很多人问，你这互扰说了半天还是没明白怎么个互扰法？为什么我要用"互扰"这个词，不用碰撞，不用沟通，因为涵盖不了啊，碰撞是一个碰一个，互扰是有交叉的，是相互进入的，是可内可外，无形无相，似近似远的，是跨越个体，跨越时空的，这就是互扰。互扰是可以相互融合的，是相互引爆的，如果我直接告诉你某个方法，那叫"输入"，不是我要表达的"互扰"，明白吗？我们常说的头脑风暴算是一种互扰，但还不够，只有彼此引爆才能形成真正的互扰。

爱情是彼此引爆了才叫爱情，否则就叫色情，结婚就是合理地使用彼此的身体语言，彼此引爆。老板和员工之间要不要相互引爆？每个月，每个季度，每年年末的时候弄个榜，对优秀者给予奖励，员工就热血沸腾了，就引爆了，现在直销、微商、互联网公司是不是特别喜欢搞这套？直销激励你的动力就是靠房子、车子、钱直接引爆你，产品什么的都是次要的，你跟着其他老师学，学一辈子都学不到这个关键点。什么叫树立榜样？就是直接点燃一个员工，让他持续引爆其他员工，这就叫互扰。

互扰的过程本身是空、是无，是一种智慧，你去互扰的时候，员工事先知不知道？不知道，互扰是一种超预期，员工在互扰前是无欲无求的，你在互扰的时候不能先想，想就是障碍，你会担心这个，担心那个，你是放不开的，能量就变得很有限，你就没有用到五行能量，就没有进入实相状态。

为什么我要写《入门》？是因为我见到太多人的思想都被毁了，都腐朽了，都触摸不到根本，所以你看完这本书，你才知道怎么入门，你才知道智慧是怎么回事，实相是怎么回事，然后你再去修也好，悟也好，至少少走点弯路。

你看，我也只敢把书叫《入门》，没法叫《智慧》，叫《真相》，因为文字无法把实相表达清楚，我这样一边互扰，一边写，也算是尽力了。

父母与孩子之间怎么互扰？我在课上说过："人世间最大的野蛮就是想让孩子没有犯错而直接懂事。"这可能吗？不可能啊，孩子需要历练，需要在历练后成长，这样这个孩子才是完整的。有些家长想阻止孩子早恋，也不想想现在是什么年代了？有网络，有电视，你怎么阻止他去获取信息？你要做的是互扰，自己不要想太多，就是与孩子在一起碰撞和互扰，告诉他你的故事，然后去经历和体验，用你的故事影响孩子，尽量满足孩子的好奇心，让他明白成长是一个怎样的过程。

你只管尽情地互扰，在碰撞中引爆出灵性，你互扰出什么，你就是什么，你互扰出童心，你就是孩子，你互扰出本我，你就进入实相，你只能做一件事就是尽情地互扰，你能互扰到什么程度，互扰出什么，谁也无法预测，如果你总是想着先有形再有相多累啊，我们要从身边开始互扰，在生活中，在红尘互扰，智慧自然显现。

你如果看不懂《入门》，跟着我学《弦外之音》，就是学彼此互扰，悬空造化，当你互扰出几个闪光点，你就能回去用，你就开始发生变化了，记住，你互扰出什么你就是什么，那个生出来的东西才是你真实的存在。你叫张三，请问张三是你吗？你从出生开始到现在，你在这个世界沉淀出来的过程，这个才是你的全部，不是你学到的那些知识，知道的那些道理，那都是别人的沉淀，那是你吗？不是你的，你只有通过互扰，通过自己体验，然后自己生出来的东西，那个才是真正的你。

现在很多人都成为存储器了，头脑负责装一堆知识，却从来没有去体验，去思维碰撞，去吸收沉淀，这样的人简称书呆子。为什么我经常说："当你学完之后要与人分享，使他人成长，温暖整个世界。"这就是开始互扰别人，影响别人了，你能把一个悲伤的人互扰成快乐的人，让一个没有智慧的人成为有智慧的人，你的整体人生才是立体的、丰富的。

你整天要找名师，拜隐士，找高手，那都是愚昧的做法，真正的名师不会收你，只会让你跟着生活学，你把身边红尘互扰完毕，名师自然会来找你。你总说你要成为一名大师，你说你要超越某某某，可大半辈子过去了，你还是原地踏步，你一开始定义就错了，你的定义在自己身上，这太渺小了，你一开始要的是渡更多的人，不是你成为什么，而是渡一个是一个，渡三个是三个，这才是红尘中真正地互扰。

人生想要不偏离航道就要全力以赴地互扰，不停地互扰，不停地碰撞，不停地渡人，不要让自己闲下来，你一闲，身心就会消极，思想也会消极，闲心必生杂念，人就变得很负面，很幽怨。如果一个人总是今朝有酒今朝醉，以为自己是在享受人生，那结果就是越享受越消极。

为什么有些人上课会上瘾？因为他们空虚，空虚了就会无聊，就想去寻找刺激，当一个诱惑摆在面前，请问人能拒绝诱惑吗？不能。人性无法拒绝诱惑，只能远离诱惑，可是你又无法彻底远离诱惑，所以只有让我们忙起来，把生活都填充满，不断地在红尘中互扰，互扰出来的东西都是你的，就是你的智慧，就是你的存在。

我写《入门》这本书，你看我写来写去就是让你的思维不断地碰撞，不断地穿梭，而不是急着给你结论，因为我如果给你结论，那是我的结论，那是我的智慧，不是你的智慧，我要让你掌握互扰，你互扰出什么结论那就是你的结论，所以真正的老师是不会给你一个结果的，而是会引导学生让他自己获得一个结果，现在明白了吧。

你不要整天问我，老师那是啥意思，你要自己寻找你要的答案，我告诉你了那是害你，说了等于没说，那对你的生命毫无帮助，你就活成了我，而忘了你自己，很多人喜欢拜师，最后活成了师傅的样子，没活出自己。

就像你们问我沙漠里有什么啊？我会说："来吧，来吧，来看看吧，你看到什么就是什么。"每个人看到的，感受到的，悟到的都不一样的，我能直接告诉你沙漠里有什么吗？不行啊，我说的是我的结论，不是你的，你要直接拿过去了，等于你什么都没学啊。你要学会互扰啊自己得出结论啊！

两个人没结婚之前都是带着理论，带着别人的故事，带着各种婚姻知识和憧憬的画面开始结婚的，满脑子都是人家婚姻应该是这样的，夫妻之间应该像电视剧里那样的家庭才是对的，自己都不去感受，你说这能幸福吗？

什么叫"天机不可泄露"就是我不能告诉你真正的结论，真正的答案。我只能给你一个通道，让你自己发现结论。

有个小孩从小接触的思想"早恋是不好的"，父母告诉她早恋会不幸福，很多人早恋最后都没好下场，所以这个孩子就认为早恋是可怕的，结果一生都没嫁出去，一生都在婚姻的恐惧中，你说这是不是害人？这就是父母把自己理解的东西说出去，就会在孩子心中形成一个"心锚"，这个心锚会持续影响这个孩子一辈子。一个人自己得了癌症，然后说癌症会怎么样，怎么样，最后都会死的，然后另外一个人也得了癌症，因为不懂互扰，心里种着别人的"死亡结论"，所以最后也就跟着一块儿去世了。

你说人能不被毁灭吗？我们活在一个露气的世界，人的意识让地球一点点进入毁灭，因为我们总是把自己的结论种入别人的心里面，而大部分人不懂得互扰，这多可怕啊。

大部分人"悟"的时候是用脑袋，现在我们"互扰"的时候用身心，"悟"会经常受别人思维结论的影响，从而在脑袋里形成一个"心锚"，这个"心锚"就像心魔一样会不断影响着自己。"互扰"是自己完全不知道，完全不去想，把过去自己大脑里知道的东西统统都拿掉，让心魔不来影响自己，然后用自己的身心去感受，感受自己的真实体验。

为什么人们喜欢听结论，而不喜欢自己去感受？

因为听别人说更简单，我们总是喜欢听别人总结的东西，而不愿意自己总结，就像我们读书的时候听到要写总结了，都喜欢去抄别人写好的，换句话说我们骨子里愿意跟着别人学习他们的结论，不愿意自己去悟出心得，生出自己的智慧，不仅如此，大家还非常高兴、痴迷、虔诚的学习别人的结论，结果我们就这样被别人全部摧残了，讲着别人的话，走着别人的路，用自己的生命见证别人的成功。

这就是空虚，就是活在形而上学里面，就是自己创造一个虚幻的世界，想象的世界，说着莫名其妙的话，遵守着莫名其妙的规则，幻想着莫名其妙的憧憬，做着莫名其妙的事情，这一生就这样挣扎着，痛苦着，迷茫着。

为什么神经病比我们幸福？他们至少在过自己的生活，走着自己的路，说着自己听得懂的话，过自己的日子，他们会有心理负担吗？完全没有啊，他们很真实地活着，除了不会渡人以外，他们比一般人都幸福。

所以红尘中真正的高手都会向神经病"学习"，他们的状态就是装糊涂，说高一点就是大智若愚，做老板就要达到这个境界，中国人喜欢喝酒，喝多了就可以说酒话，这酒话一说开就会说点真心话，事后可以搪塞说喝醉了，其实这就是典型地装疯卖傻，这个过程中彼此间产生了干扰，干扰的过程就是互扰的过程，说酒话的时候是说者无意听者有意，说的话对方的心里起了波澜，就产生了互扰的能量，对方就开始自己思考，开始琢磨你说的话，这样其实你就成功影响到对方了。

一般人不明白这是怎么回事儿，很多时候在公司里，老板和员工一团和气，总是怕员工反驳自己的话，怕人家跟自己对着干，现在懂了，咱们平时讲话，要会互扰，要带着对方进入互扰，你把你说的话产生一种碰撞，产生一种激变，对方就会产生一种新的思维，最后不舒服了就会和你过招，完事后发现自己改变了，最后发现是老板成全了自己，他能不佩服你，不尊重你吗？当然具体实战的话术还是要来我的《万能语言》课程中学习，你才会知道究竟怎么运用神奇的语言。

你在读这段文字的时候就要一气呵成让这种感觉流淌出来，不能打断，打断了这个能量就散了，你就不明白什么是互扰。只能把自己排空，在纯洁状态从头再来，我们看懂这些不难，讲出来也不难，难就难在某一个时刻，你要不要去互扰，你怎么取舍，只能是妙用，互扰出什么就是什么，你不用担心它会失败，做任何事情开始的时候，不用担心会失败，最后的结果就是大成。

◆入门法则 18：成功就是你不断地审视自己的人生，才能完整的体验生命，最后不管呈现什么状态，都是成功。

因为那才是你真正的人生，是你自己亲自体验到的一段历程，不是别人设定好给你的，也不用跟着别人的结论走，你没有被框住，经历的过程就是互扰的过程，互扰什么就是什么，最后互扰出你的人生。

有的学员来听我的课感觉很舒服，是因为他没有担心会因为听不懂而失败，也没有设定必须要学到什么程度才算学好。他就这样很自然的来学习，所以收获会是最大的，有些人交了点学费来我的课上，感觉很心疼，就拼命想拿点什么回去，就急着想听到干货，想听结论，想听到所谓的策略，技巧，但这种人一辈子都没法活出他自己。

就像有的学员来学我的《演说突破》，在台下就想快点知道话术怎么说，开场白怎么弄，成交的套路怎么整，结果突然被我喊到台上，这个人想分享几句话缓解尴尬，结果我们助教们上去，赤裸裸的把他虚伪的面子一撕到底，用水一泼，碎报纸噼里啪啦的砸上来，整个人都蒙了，在怒骂推扯中这个人被完全互扰了，渐渐有了感觉，这个过程大脑完全是一片空白。等十分钟突破以后，再开口讲话，整个人都不一样了，你有见过这样教演讲的吗？这就是互扰式训练。

当我们不断地互扰，不断地互扰，最终会到哪里？最终会达到我们的本源，也是我们最渴望去的地方，这个叫"本我"，进入最高的精神家园，这是最快乐的地方，你看完这本书，学到啥了，你说学到了智慧，不完全对，你哪里学到智慧了？你要立刻与你所谓学到的智慧互扰，尽情地互扰，互扰着你就明白了。

员工积极你就互扰积极，员工消极你就互扰消极，没有所谓的对与错，怎么实用怎么来，慢慢地你就发现世间一切事情都是正常的，都是可以理解的，员工的喜怒哀乐，对着你发火，跟你顶抗，这都是正常的，这才是真实的世界。当你觉得什么都正常的时候，你还有没有情绪？别人背后说你几句，你心里仍然是平静的，这就是"无常"，无常就是没有不正常的就叫无常，所有的变化都是正常的，都是常态，这才是无常，悟到这个才能进入极乐。

也就是说，在正常的感觉中，你心里什么都不生了，心中的状态是不生不灭的，心境达到这个境界，所有发生的事情都是正常的事情，都正常的你着什么急啊？抱什么怨啊？都是正常的，你的心中波澜不惊，直接回归本我，这就叫回家，你感觉一下这个状态是不是很美？当你看到一切都是正常的时候，你就解脱了。

你说你开车接到一个电话，然后你挂了，被交警看到了要罚你，这个正不正常？正常啊，因为你违法了人家开了罚单，你啥也别多说，他罚 200 你就给 200，事情解决了，你也没有麻烦了。

你来到一个餐厅点菜，服务员上来就对你不礼貌，这正不正常？不正常啊，但也可以理解，人家可能心情不好，你看到不正常就想和他发火，这对你和对她的生命有帮助吗？没有啊。但你要渡人，要慈悲，要有爱，该怎么点菜怎么点菜，一切你觉得不合理，不合情的事情，其实都可以说是正常的，都是这个真实的世界自然显现。

不管是拜访客户，还是飞机晚点，都是正常的，你发牢骚没有用，这样你到哪里心情都是喜悦的，你在这个红尘才算是真正的开始修炼了，"我不下地狱，谁下地狱？"我下地狱就是要经历这些事情，明白这些都是正常的，你的心境一直是美好的，对方能感应不到吗？员工出差多报销个 500 元，这个正不正常？正常啊，要不为什么出差啊？就是为了可以多报销啊，你要不装傻，以后谁愿意出差啊？这在管理学上叫"灰色激励"，你就明白"水至清则无鱼"，为什么有句老话叫："不聋不瞎不能当家。"就是这么回事，你不要总把别人当成圣人，那怎么可能？你干脆别开公司了，你慢慢历练就能明白，人性就这点事儿，看懂了，你再慢慢去互扰，一切美好就都会自然呈现。

就像一条鱼在水里游，你就是水，员工是鱼，你说："你怎么不理解我呢？"员工能理解你吗？鱼能理解什么是水吗？不会啊，鱼理解不了，可是你理解他是员工就可以了，你就是企业家，你就是老板，你随时可以看懂他们，他们看不懂你，这就是领袖。

遇到任何事情，首先想到这是正常的，然后你就有无限的智慧去处理这件事，如果你一开始就觉得不正常，你就不知道怎么处理，你就找不到根本，痛苦就来了。

我们再看一个案例，有个公司招了一个大客户经理，这个人很有本事，刚来的时候说好给他是 6000 元，还要有 2% 提成，可过了两个月后，团队管理的也还不错，然而他对这个薪资制度就不太满意了，他就提出来要给他配辆奥迪车，还要手提电脑，一个月要 9000 元，还要 5% 的提成，然后老板就难受了，就接受不了。换成是你你会怎么做？

我们互扰一下看看，你能觉悟到什么？这个案例的病根在哪里？一个人刚来公司的时候没看明白自己在公司里能否发挥好，经过两个月后，他觉得在这个公司可以超长发挥了，他就需要更大的筹码，这个问题在于老板一开始就看不到这是正常的，一开始就没有与对方的真实对接，一开始就一分钱一分货，如果一上来就告诉他公司的高度，格局，发展，告诉他就值 9000 元，结果会这样吗？而这个老板一开始就想用最低的筹码把人才留住，这是很多老板干的事，结果人家进来发现自己贬值了，当然就不舒服啦，他有这点要求不过分啊，很正常的事情。好了，你说我知道了，我现在就满足他，这又错了，你一开始没有把位置摆好，现在是人家争取了你才给，这心里总会有一层隔阂在那里，不管是他，还是你，两个人之间就有堵塞，这对团队会有很大的影响。那你怎么做？
你就要看这个人对你来说究竟值不值，如果不值就直接换人，要是值就
直接给到12000，总之你自己会互扰了，生发出智慧，你就明白这个游
戏究竟怎么玩了。

二、一切为我所用

通过上面这些案例的碰撞，我们明白了什么是互扰，也知道可以通过互扰来让自己的亲自体验，继而发生出自己的智慧，可接下来我们还发现大部分人有一个问题，什么问题呢？

就是分别心，我们会习惯于对有形有相的东西进行区分，也就是说我们只认识具体的某个东西，例如这是红色，这是蓝色，这是中国国旗，这是英国国旗，我们在这个分科之学下对所有东西都有定义，我们穿鞋子，我们会说："这是我的脚，这是我的腿。"我们把脚和腿分开了，实际上它是不是一体的，是一体的呀。可我们思维学习的时候把这些都分开了，我们看问题都习惯去区分事物，可实际上我们是一个整体，人是一个整体，人和万物都是一个整体，分别性很小，所以我在本书的第二篇就要大家把过去这些区分的思维都拿掉，都删除。你要从头开始学，过去你是学分裂，分来分去，我们就活在就一个"二"的世界，现在是要我们不要太"二"，不要把所有东西都一分为二地看，黑与白，慢与快，高与矮，爱与恨，苦与甜……把这些统统都拿掉，你要开始学合一，你就发现这些统统都是一体的，没有黑，怎么反映出白？没有爱怎么知道有恨，这些本质上都是一体。

慢慢地你看什么都没有分别心了，只剩下对我有用还是没用，你要进入智慧的另一个方法："一切为我所用。"

当你不再有分别心的时候，你就可以让一切为我所用，你就知道过去的你就在混沌中，就像被裹在沙尘暴里面一样，当你不再有分别心的时候，真实就显现出来了，你看问题简不简单，当然就简单啦。

改革开放就是这么来的："不管对错，在稳定中求发展，大胆的改革开放，小心一步步前行，稳定是第一位。"这就是我党的思想，这下看明白了吧，管你黑猫白猫，能抓到老鼠，能让经济上去，能让老百姓开心，一切都可以为我所用。

有些女人总喜欢买衣服，然后挑来挑去不知道穿什么好，经常问闺蜜，这样打扮好不好看，我教你以要随缘一点，不用刻意打扮，拿到什么衣服就穿什么衣服，男人不喜欢太复杂的女人，你要学会灵活，到哪儿都能呈现出女人的一种"仙灵、高贵、纯洁"的气质，你说哪个男人不喜欢，这就叫一切为我所用。

当你在想这个是我喜欢的衣服，这个不是我喜欢的衣服，这就是有了分别心，凡是执着于喜欢或者不喜欢的，你就会痛苦。你越喜欢一个东西，这个东西你拿不到，或者失去的话，你会很痛苦，怎么才能不痛苦，你对每件事物都不执着，对什么事物都感觉很好，都是正常的，连衣裙有连衣裙的美，旗袍有旗袍的美，别人说我穿着不好看，那都不影响我身上流淌出来的慈爱，我爱丑陋的人，因为他有明净的心；我爱少年，因为他们真诚；我爱长者，因为他们有智慧；我爱太阳，因为照耀着万物……你就这么来，一切都是正常的，一切都可以为我带来美好。

一切为我所用换种说法又叫"妙用"，老板要学会伸缩自如，进退自如，知道"当可为则为，当不可为则不为"。巧用当下一切资源生出一用，少用理论，少讲道理，多讲生活，不管现实生活中你怎样创造财富，你今天休假了，你在海边，你就要利用这几天好好让自己身心放松。你可以光着脚在沙滩上走走，你如果在休假中还整天想着公司那些没处理完的事情，你这不叫"妙用"，你这叫"套牢"。再举个例子，你平时没有时间吃素，正好来到寺庙，那你就干脆吃几天素，这就叫"妙用"，老板要当下妙用，用完后就放下。

老板在公司，不跟员工打成一片很快就会枯萎，可如果老板跟员工打成一片很快就会死亡，怎么办？智慧就在于"妙用"，你跟谁打成一片，跟谁不打成一片，今天跟他打成一片，过几个月不跟他打成一片，与每个人都保持着"互扰"的距离，诸葛亮就是神机妙用的高手，他在三国时期与各地高人都是朋友，都跟他们写信交流，所以北方曹操发生什么事儿，南方孙权又出什么幺蛾子，他都明白，这就是妙用啊。

老板懂得妙用，还要会调控，不管你开公司是要财富、自由、健康、名利，不管你要什么，开公司都是一种感觉，当你在公司讲话的时候，你讲着没感觉的话，做着没感觉的事，这就是障碍，你要想得到尊重的感觉，讲你自己有体验的话，讲话要能直接进入对方的世界，让对方没有抗拒，员工没有体验过，他不明白什么意思，但他心里会感觉到某种东西，会莫名的有感觉，那么一切才会存在，一种真实的存在，就能衍生智慧，如果你传达的东西不是你的体验，那一切都没有意义，那都是虚假的，凡是你用大脑说出来的话，都是没感觉的，凡是你用心说出自己经历的东西，那才是有感觉的，你不是想证明自己多伟大，也不是想说服对方，你只是在与员工互扰，互扰是一种状态，没有开始，没有结束，是彼此有感而发，就像两个人偶遇然后聊天，一聊就无穷无尽，没完没了，结束后才发现今天见面会有那么多收获，这才叫互扰，最后有了一个新的想法，新的合作，生出妙用，这是自然而然的状态，很不经意的过程，能量就产生了。

三、究竟性为何物

前面通过五行能量和互扰让我们明白了筋骨通和思想通，最后我们来看看如何性情通。为什么我们对"性"这个话题这么好奇？国外经常拿"性"来开玩笑，整点幽默，那么究竟性为何物？

我们试着一点点的互扰。性是什么？原始的本能！繁衍后代！欲望！征服！快感！能量！释放！碰撞！吸收！一片空白！存在！证明自己！需要！推动力……

记住不要一下子获得结果，你要一步步的推理、沉淀，然后进入你的意识去互扰，去拿到自己的结果。

有人说："性是爱的升华。"请问是性升华成爱，还是爱升华成性呢？难道没有性就没有爱的升华了吗？肯定不是啊，那性究竟为何物？

有人说："是本我的需要，是为了回到心灵家园。"我问你性的根本是什么？性的实相是什么？是快乐吗？快乐本身不是性，我们来继续互扰。你开始糊涂了，这就对了，让大脑放松，进入意识中让答案自动显现出来，为什么有人把这本书叫《显学》，因为我一直在帮助你照见并显化出智慧。

我帮你做个梳理，你要从哪个点去寻找性？性为何物？

1. 为何迷恋性？

我们迷恋性是为了身体本能的舒服，这句话对吗？

你知道人类多么可怕吗？这明显是动物的本能，是兽性大发，你迷恋性在最深层肯定还有某个东西。

给你点提示，迷恋性是因为一种释放，可如果我们的精神、欲望想要得到一种释放，我们通过唱歌跳舞也可以释放啊，那通过性去释放，究竟是释放什么？

有人说："释放能量。"确定是能量吗？能量有无形和有形的，很明显大部分性生活并没有释放能量啊，那到底释放了什么？

有人说："释放烦恼和压力。"嗯，有点感觉了，释放"压力和烦恼"

这是其中之一。

还有呢？

有人说："是为了促进新陈代谢。"这扯歪了，我们要把它变成具体的东西，给点提示，你和女人在一起，女人怎么确定你爱她？通过性嘛，所以你就推理出性是一种"表达"，我们通过性来表达爱，男人也好，女人也罢，是不是都这样？女人是不是也通过性来表达爱？

当一个人对另一个人说："我爱你。"接下来情节是什么？是不是会用性来表达？至少双方愿意开始产生性了，有一部分这个意思吧？肯定有这个感觉啊。

刚才有人说性是为了释放压力和烦恼，还能释放什么？是通过释放获得一种舒服感，因为舒服了才会通过身体给予表达，性是双方表达的一种语言。

那我们继续互扰，为什么你喜欢性？为什么你的那帮客户都喜欢性？为什么要有性行为？为什么能靠性赚钱？为什么性产业那么大？为什么从古至今性交易从来就没有断过？为什么人们迷恋性？……看见没有，你就这样一点点地去互扰。

有人说："性是一种本能。"究竟是哪一方面的本能？

是为了释放吗？是因为有压力而在释放本能吗？记住我们之所以找性，是为了"证明"，是为了"征服"，是为了"通过性来建立自我"，男女都一样。

继续，还能互扰出更深的一层，我们为什么要通过性来建立自我？是为了寻找未知的神秘，是为了探索神秘感，这下恍然大悟了，说白了我们为什么找性？就因为我们"好奇"，我们对未知充满神秘。

我们找性的根本目的是因为好奇、新鲜、神秘，记住三个字"神秘感"，男女相互吸引就因为彼此神秘，就因为双方之间有了好奇，想知道对方，了解对方，想获得对方的一切信息，她喜欢吃什么？她喜欢看什么？她工作的时候是什么样子的？她睡觉的时候是什么样子？……这些统统都是因为好奇。

婚姻为什么会不和谐？就是因为男女双方不再有吸引力了，结婚十年的家庭，是不是有女人会经常说："我还不知道你是谁。""你一撅屁股我就知道你要干什么。"这什么意思？就是因为男人在她心里没有半点可以探索，可以消化的地方了，男人在女人面前没了神秘感，而女人从头到脚对这个男人来说也没有任何好奇的地方了，所以婚姻就结束了。

一切都是神秘感在作用，所以为什么要大家不断地向上生长，因为你不断学习，你才会生出新鲜的东西，你才能继续保持神秘感，你才能让对方始终对你保持好奇，婚姻才能长久。

当下记住一条入门法则：

◆入门法则 19：人性的最高境界就是神秘，让自己时时刻刻处在神秘之中。

好了，现在你就明白性代表很多概念，有时候是释放，有时候是表达，有时候是压力，有时是因为好奇而探索未知。

有人说修炼要消除欲望，你说欲望能消除吗？欲望只是因为你心里空虚，无聊，心里不平衡，这些差不多每个人都有，时时刻刻都会产生，你怎么消除？你通过性就能消除吗？为什么性爱之后你还是会空虚，还是会心里不平衡，因为你始终感觉不到自己的存在啊，越这样，就越无法感觉自己的存在，那你说这欲望还怎么消除。

我在课上说过，所有成功者都是性能量比较好的人，当性能量下降的人，他们的自信，高度，创意都会萎缩，为什么男人会花心？因为他的本能可以感受到性能量在下降，他需要通过新鲜感，神秘感来唤醒自己，男人通过新的性爱来证明自己是存在的，证明自己是有价值的，继而强化性能量，通过这种征服来获得存在。

可结果会发现，男人追求神秘，刺激，一个个探索下去，经历女人越多，越失望、痛苦、落寞，男人只要经历得越多，就会越凄惨，因为无论他探索哪个女人，结果都是一样的，没有一个女人会让他真正征服，没有女人能证明他的存在，表面上的乖乖女，本质上都是很倔强的，所以男人就慢慢地整的欲望没了，消失了，性也消失了，人生创意就消失了。

所以当一个人真正没有欲望的时候，就是进入无尽的空虚中。

性跟道德没有关系，我前面章节有说过，伟大的爱情都产生于同性之间。

所有的性都是从里到外的释放，那是自然作用，就像心跳，就像呼吸一样，是每个人的本能状态，他们通过双修，通过性都是为了回归到本我状态，无论在什么星球，什么领袖，都是通过性来获得能量，这样才能生生不息，有创造力。

你看人类多有意思，为了探索神秘，寻找刺激，就通过性去寻找和释放，完事后就感觉比较舒服，然后就回归到当下，就进入一种平衡，慢慢地随着生活的压力，你又不平衡了，你的欲望又升起了，你只好再次通过性把压力和欲望释放掉，然后又开始平衡了，我们就是这样不断地通过性来释放，来证明自己的存在，证明自己有本事想证明自己是存在的，就这样不断的回归，究竟回到哪里？回归本我，我们通过对性的神秘探索，想知道性的本来面目，最后探索到最后，你进入那个一片空白的状态，那短暂的一刻，你发现你回到了本我的状态。

这个本我的状态很美，很舒服，这种感觉稍纵即逝，过两天又痛苦了，又迷茫了，又开始好奇了，上次那个感觉怎么来的？为什么这么短？能不能再制造出来？能不能让这种感觉再久一点，所以只好又通过性来刺激一下，这就是定期的性行为，每个人都是通过性来感受到美，回归到本我，这也是人类目前发明最有效，最直接，最落地的通过性来享受"空"的方法，通过性回归本我。人们为什么迷恋性？有答案了吧。

这里没有好与坏，没有什么色情，我只是通过互扰，让你明白"有性之爱是生存，无性之爱是交往"，我们人类的生命力会逐渐消失，只有通过性爱让彼此生生不息，全人类，包括动物都是这样让自己得以传承。

2. 性根本为何物

明白了第一点我们为什么迷恋性，是因为神秘感而探索，而探索的最终是为了通过性来回归本我呢？我们通过不断的性生活来回归，可这代表的是生理层面还是心理层面，还是生命的全部？

事实上，我们说的性是不是包括了整个生命？

我们换个角度，往大了看，不要把性仅仅是理解成生理活动，或者是某个心理活动，而是要看到整体，看到宇宙的全部。

　　这样我们就能看到"性是全部的存在，是我本来面目的一种表达形式"，性就是表达我原来存在的状态，我生命的原始状态，我这里说的是从另外一个层面悟到的"根本的性"，不是我们前面说的某个生理或心理部分，那只是很小的一部分。

　　是不是只有性的生理活动才是性？不是的！记住，我们要往大了看，不要把"性"局限在男女床第之间。

　　所有让我们愉悦的方式都是性的活动，握手是不是性活动？用眼睛看异性是不是性的交流？跳舞是不是性的表达？所有让我们愉悦的方式都是性的活动。原来我们活在一个狭隘的"性"的世界观中，以为性就是一种生理活动，一种男女之间的释放，那是对真正的"性"迷失太久远了，我们被社会教化成这样。

　　现在我们互扰出性的动因，找到性的根本，然后就要学会在红尘中具体表现，人世间是不是每个人都是愉悦的呢？很显然不是的，所以我们在人与人之间唯一值得做的一件事情，就是彼此瞬间地触动，这是人类社会唯一有意义的事情，没错，我们就是为了那一刻而活着，为了那一刻心动，我们显现出人的形态，然后愿意用一生的代价去寻找那一刻，去维持那一刻。

　　所以，"每个人彼此间有感觉的性，就是生发，就是升腾"，有感觉是在哪里？就是回到最原始，有感觉就是在你原来没有形成男女性别之前，那时候你是一体还是两体？是一体，当你在妈妈肚子里，没有形成男女性别之前，你是一体，形成性别之后，你就分裂了，你就有了另一个形态。

最初是一个能量，是完整的，后来在进化中形成了两股能量，形成了男人和女人，然后我们在人生的过程中就是在寻找另外一半的过程。

假如一个妈妈生了四个小孩，两男两女，把他们散落在人间，他们不知道自己是兄弟姐妹，但是当他们彼此见面后会有一种感觉，这就是我们一直在找的熟悉的感觉。我们每个人的出生都会有一个跟自己身体一样的能量被散落在人间，造物主会把我们一体的能量分成一个、两个或多个，然后进入不同的家庭，不同的血缘系统，所以你就开始寻找了，不管在天涯海角，你见到某个人，你会感觉非常舒服，这个人其实就是你，有些人我们一见面就很亲切，就感觉很近，不需要表达，不需要客气，就感觉和自己很像，这就是性。

当你有这种智慧，当我们把生活中最神秘，最好奇的"性"都互扰完，都看明白了，你会发现自己性生活就慢慢减少了，此时你就超越性了，超越一切，因为你知道你在任何时候都可以有性，让人愉悦就是性活动，渡人也是一种性，性就是生命的开始，也是生命的结束，然后又有新的开始，生生不息。

3. 引爆性的核心

人的状态取决于命和性的问题，员工为什么状态不好？主要问题是性压抑，整个身体是不健康的，在性压抑下，中国人对性的观念就产生了偏见，就觉得性很神秘，然后就迷恋其中，这是不健康的，是性情的不健康。

你说一个人性情不健康会不会有魅力？不会有啊，他对性没有感觉，也就不会性感，性的核心点就是性感，不管男人和女男人，魅力的核心就是性感，性感不是简单的形象和身材，那是外在的，性感的核心在于放松自如的状态，总结一下就是"洒脱"，所以一个老板要产生影响力，要有领导魅力，必须有这种放松自如，洒脱的状态，你看不管是一线还是二线明星，凡是气质好的，都是性感的，都是洒脱的，像梅艳芳，周润发这种人，他们身上就会散发出一种能量，一种流淌之气。

性感就能给人带来感觉，没有感觉的性就是消亡，很多人越没感觉就越依赖性，结果身心尽毁。为什么有些人看上去形象不错，可看过一眼之后就想不起来了？因为不性感，没有感觉，这种人就没有魅力，我前面怎么说的？老板如果没法让人产生愉悦的感觉，这就是没有性活动，性就是让人产生愉悦的感觉，这不是生理上的那个性，是一个整体，让人产生愉悦感觉这个里面是有能量的，这股能量可以直接击中人的引爆点，从而引爆性的核心。

性的最初首先在于"心动"，然后是"性动"。什么意思？过去的人们都是先心动，再性动，有一个心与心彼此沟通的过程，男女之间是有感觉传递的，这股能量贯穿了整体，继而让彼此散发出魅力，这个时候性的状态是最巅峰的，是一种无欲无求的状态，没有压力的，这种性的巅峰可以把整个人的身心激活，然后就可以开始燃烧，彼此一直保持着这种能量，这就叫性感的能量。而再来看看现在的人们，很多都是通过网络聊天，然后直接上床，甚至彼此都不了解，就先性动，然后再心动，这就导致了目前社会上分手，离婚层出不穷，人们不尊重性，性来得太容易了，所以感觉也就越来越淡化了，人变得很麻木，没魅力。

尤其是在中国谈到早恋都是谈虎变色，15岁，16岁的小男孩，小女孩，他"心动"的时候你把他压抑住，他就没法释放，也就没法把身心激活，等到他20岁的时候，他性情已经成熟，然后他这一生就被生理上的性支配了，我们绝大多数人都是这样的状态。

所以，现在你看到一些人举手投足都是有魅力，你就知道最初他们是怎么回事，如果一开始没有被心动所激活，就会成为性的奴隶，不是开玩笑的，一个公司200个员工，有150个员工最初性没有被激活，那他们的家庭就不幸福，在家里吵完架再上班，你说能有感觉吗？整个公司不就这么废了吗？

整个人类最辉煌的时期，性文化都比较开放，从古罗马到欧洲文艺复兴，到中国汉唐盛世，比现在开放多了，古希腊更是如此，都是裸体崇拜，对身体崇拜，性更加奔放，你看看那些雕塑，看看那些画像，你就知道这在当时是一件非常令人自豪的事情。

后来统治阶级为了更好地维护自己的血统，保证财产安全，就开始打击性，把性压制住，要求女子守贞节，然后几乎是一瞬间，整个地球大陆都开始发生了变化。慢慢地整个国家成为无性文化，人们开始压抑性，羞于谈性，幸福也随之降低。

有个词叫"性格"，知道什么意思吗？性格在原始文字里就是指性的活动形式，也就是性活动，所以你看一个人在性上很谨慎小心，他的性格就会怎样？就会内向。我们说欧美人性开放，不是说行为上很开放，而是指他们在性上没有压抑，是纯粹的，今天的中国反而是压抑的，吃喝嫖赌花了钱最后还是偷偷摸摸的，在国内再奔放的人，在性上都不敢是绝对开放的，他也只敢与自己伴侣之间过着奔放的生活，许多身体上的小秘密也只能是和自己的伴侣共享，其他再亲密的人都不敢说。

我这样说不是让你们去放纵，而是为了互扰你，让你在性这个点上能通，也就是性通，你一通，你的身体就会"唰"的一下被激活了，你当年没有激活的身心可以再次被点燃，被唤醒，你就能重新散发出魅力。真正健康的性是自由奔放的，是一种顶级的自由状态，再次强调，这不是放纵，过度放纵会变成呆傻，思维会迟钝，慢慢一个人的神韵也就毁灭了。

我们今天所探讨的"性"的话题已经达到人类的终极和本质，你在这一个点上打通，你就不会再困惑，这是仅次于宇宙实相的，以后再有人和你聊任何话题，哪怕聊性，你也知道怎么聊了，人类为什么需要性呢，从放纵到证明，从释放到征服，从表达到存在，你这么一说，直接谈到根本，人家就傻眼了，你这就是真的学会了，就是懂互扰了。

你和别人谈话或者谈判，就不要谈事儿，不要谈工作，就谈这种思想，就谈谈人生，最后人家会服你，因为你把人类最终极的问题给讲明白了，这就叫"智者不惑、勇者无畏、仁者无敌"，记住不是让你去谈生理上那个性，不是性器官，而是让你谈整体那个性，谈让人愉悦的，有感觉的性。

四、爱情为何物

爱情是什么？是触电？是理解？是包容？是通灵？

想想清楚，有人说："把自己所有的给对方。"这是爱情吗？那你开一个公司给一个，开一个给一个，你给得起吗？

有人说："爱情就是情感的寄托。"也有人说："爱情就是相互利用。"究竟爱情是一种什么样的感觉呢？我前面说了，我们就喜欢直接看结论对不对，看书就想看到那个结果，那个定义，可我们一直在说互扰，我不想让你拿到我给你的结论，那是我的理解，我要你能自己学会互扰，然后拿到自己的结论。

如果我直接告诉你人们为什么会有迷恋性？是因为要通过性来回归自我，一句话就完了吗，你看不出个所以然来，然后看完很快就忘记了，所以大部分书都是这样，作者以为自己很厉害，然后直接给你一个他认为很牛的结论，以为自己多了不起，其实文字什么都没表达出来，你认为的那个结论在读者看来或许会变成各种各样的理解，所以我们这本书从第三篇开始就一直开始互扰，这样经过互扰之后，你发现可以有很多种解释，很多种结论，一开始那个是对的，最后那个似乎也是有道理的，这样你的思想就会产生碰撞，就算你合上书了，你的潜意识还会琢磨这些词语究竟是什么意思，你就不会忘掉这些你自己悟到的东西，这些信息就会成为你的经历，就变成了实相，这就是互扰。

以后每次提到"互扰"头脑立刻出现一个画面"地球""太阳""月亮"之间有一种力量在相互产生影响，然后这种关系彼此运转，当你一用"互扰"的时候，就能进入那种感觉。

继续吧，爱情究竟是什么？有人说："是一种开始心动，最后心痛的感觉。"，也有人说："爱情就是爱慕。""爱情是无形的绳子。"哇，这些结论都很棒呢，你要知道这些都是集体的智慧，在《弦外之音》的课堂上，你能听到各种美妙的答案。

还有什么是爱情？有人说是相互依赖，是彼此干扰，是触电，有人说爱情是触电，你触过电吗？你觉得那是爱情吗？还有答案吗？有人说："爱情是相互牵挂。"你看每个人都有每个人自己的答案，你看书无法感知到那种感觉，每个人体验到的爱情都是不一样的，你看看我这么一互扰，各种各样的回答都来了，有人说："爱情就是进入同一频率。"

嗯，这个答案有点意思，绝大部分男人一旦有了性的体验后，他再跟别人约会或者见面，首先想到的就是性活动，是不是这样？他如果从来没有性的体验，他在这方面没有萌动的时候，男人的焦点都停留在感觉上，他约会最多获得的是感觉，但有了性的体验后，他就想直接体验性了，所以男人对一个女人做很多努力，最终是为了获得什么？交配行为。对的，所以不要以为天底下有好男人，那么会照顾自己，风里来雨里去的接送，如果他对性还没有萌动，那就是没有魅力的男人，如果他已经有了性的体验，记住，无论他对你有多好，都是为了在你身上不断获得性，"男人都是坏东西"这句话就这么来的。

好了，说了这么多，你就会发现每一个答案背后都是一次体验，都是一段经历，经过这样的互扰，你以后和别人对话，就知道他有没有触摸到根本了，你和人家一对话，就知道他现在什么状态，什么水准，有没有开悟，他能不能体会到这种愉悦兴奋的感觉？这个人能不能深交？有没有深交的价值？如果一个人都走向枯萎了，那你和他在一起，未来也好不到哪里去，如果你还天天和他混在一起，你这就是自暴自弃。

我们知道性是愉悦的释放，那爱情到底是什么？我们为什么追求爱情？到底迷恋爱情什么？是什么让我们对爱情如此上瘾？两个人在一起就行了，为什么还要爱来爱去呢？为什么会上瘾了呢？一个男人爱一个女人，就会给这个女人买车买房，请问你给你太太买一个房子，这个过程中，你爱的是什么？很显然，你爱的不是太太，爱的是自己的面子，爱的是太太对自己的一种感觉，让我心爱的女人在我的空间内自由飞翔，这就是大多数男人的爱情。

所以我们一个个来互扰，首先我们先说男人，男人的爱情是以爱的名义来彰显自己，证明自己，其根本是爱自己。你给女人买东西就是为了彰显自己多厉害，就是为了让别人看见你多厉害。几个男人坐在一起，有的背名牌包，有的穿名牌衣，请问哪个更优秀？男人总是会通过外在的物质征服来证明自己，而女人也会通过外在的物质来评判某个男人，你说爱情是个啥东西？

再来看看女人，女人爱男人到底要啥？到底迷恋什么？女人爱男人最高的表现是啥？是要求保护？是要求安全？当一个女人爱上这个男人了，对这个男人真的动心了，她会愿意顺从，愿意付出一切，所以女人以爱情来显示自己，证明自己的容纳、奢望、孕育和牺牲，换句话说，女人通过爱情来显示自己的博大，就是一种可以容纳的感觉。

这里面有个词叫"孕育"，什么叫孕育？一个优秀的女人，真正动心的女人，她会以她的这种付出，来孕育一个优秀的男人或孩子，她的表现就是通过她的高度、境界、美貌和才情，让她的伴侣更加优秀，这个就是孕育的过程，这个就是真正令人动心的女人。

为什么男人成功必须得有两个女人呢？一个是他绝对敬畏、佩服、欣赏的，就像你面对圣母一样，就像小孩怕妈妈一样，或者说爱妈妈一样，在妈妈怀里庇护的感觉，还有一个是让这个男人心动，你可以让这个女人在你的怀里飞翔。

这是成就大事业的人，在他们的生活中，在他们的身边都会有这两种女人，让他体会到爱与被爱，所以人们沉迷于爱情，最终沉迷于找自己。爱情到底是什么？到底你爱的是什么？归根结底是爱自己。记住："人在根本上会爱上爱情，但不会在根本上爱上某个人"。这句话能理解吗？

爱情就是一种感觉，我们迷恋上什么？迷恋的就是这种感觉，每个人都是爱上爱情这个感觉，而不是具体某个人，当感觉出现的同时就会爱上一个人，这就是我们追寻爱情的动因，是为了爱上这种感觉，这是爱自己的一种方式而已，不是全部。

有一次我在课堂上，有一对夫妻来问我"怎样才能婚姻幸福"？我说你们两个谁想去爱谁，都不会幸福的，因为你们爱上的是爱自己的形式，只有你们两个都去爱上"爱情"的感觉，这样才会幸福，如果你们两个相互照顾对方就会痛苦，这样能明白吗？

到底"爱情"为何物，为什么要你们去爱"爱情"的感觉，到底"爱情"存不存在？你不要等着我的结论，平时你说话最好也是这样一层层地问，一个个地互扰，到最后成为习惯，就直接互扰到根本，然后直接触摸到根本。

爱情存不存在？存在。爱情存在哪里？具体表现形式是什么？你见到一个人想和他在一起，然后起了个名字叫"爱情"，这只是标签。你思念一个人叫啥？叫"爱情"。你朝思暮想的时候叫啥？"爱情"。你拿得起放不下的时候叫什么？"爱情"。你把很多很多的感觉都称为"爱情"，这样写能理解吗？我们把上述描述的种种感觉，用一个统一的词语来形容，这个词语叫"爱情"，同不同意？

你把思念、牵挂、愿意付出、愿意牺牲、愿意把钱交给对方、愿意付出一切，这些我们统统称为爱情，很显然爱情到底是什么？是一种感觉，爱情就是一种感觉。这种感觉是不是稍纵即逝的？不管你是付出，还是思念，你隔了半个月没和你的另一半见面，然后你说你爱她、思念她、想念她，你到底想念什么？你想念的是那份感觉，一份需要对方的感觉。一个人说我爱你，就是需要你，不管是需要你陪伴，还是需要你在一起散步，要的就是一种被需要的感觉，所谓的爱情就是彼此的需要而已。所以"永远存在的只是我们的需要，而不存在爱情"。

一个人很虚伪，他想得到一个美女，他说了很多好听的话，做了很多温馨的事情，他把他的这种需要进行包装，然后自欺欺人，说得挺好听的，给这种需要取了一个非常神圣的名字"爱情"。

你看，没了你，我就吃不下饭，我就不活了，那是啥？那是一种自我的需要，嫁给我吧，我就要你一个人，不管你爱不爱我，反正我没有你就吃不下饭，就想自杀，不管你是不是爱我，反正我是爱你的，你要什么我都可以给你，总之你就是要嫁给我。本质上来说你嫁给我，就满足了我的需要，我需要这种感觉。

还有一种爱情是，你没有和我在一起，只要你幸福我就高兴，那也是一种需要，他需要你幸福他才高兴，如果你不幸福他就不高兴，所以那还是他自己需要的感觉。

人们把某种需要经过修饰、包装、最后加工成一种方式的感觉叫"爱情"。

人们总认为说"需要"是一种缺德的行为，你不能对一个女人说"我需要你"，总感觉不太对。你可以对这个女人说"我爱你"，这样就显得很高尚。人们总是会把自己的需要进行装饰，你给她买一束玫瑰，不就是需要拥抱她一下，需要亲吻她一下嘛。如果一个人有这个需要，另一个人不去满足这个需要，两个人就会闹僵，就会分开。如果两人彼此统一，彼此同频，都需要这种感觉，是不是就在一起了？结果就是使人走向虚幻，看不清根本，彼此就很痛苦，婚姻里面是幸福多还是痛苦多？当然是痛苦多啊。

为什么人会变心？就是因为我需要的感觉已经都满足了，我现在需要找到另外一种感觉，而你没有，所以我需要换一换。人世间就这么简单点事，结果人们不断走向争吵、指责、抓不到、看不清，真实点不行吗？

为什么人们会走向虚伪？为什么人们在爱情的路上会走向背叛？为什么在欧美国家很多人都不结婚了，因为他们必须找到所有的感觉，因为他们很真实，他们对幸福、对爱情是怎么批判的？为什么结婚的时候要弄个婚礼？为什么要重视婚礼？因为人们需要靠这种方式来吸引人去结婚，要不大家都不会结婚，为什么爱情会走向虚伪？记下来："人类会把当下需要的，不愿意做的，进行神圣的包装。"透过这些包装让一切看着更美好、更幸福，这样就没有负担了。

人们会把爱情包装成浪漫、美好、令人向往的东西，还会把生儿育女包装成孝顺、接班人，把生儿育女这么艰辛的事情这么一包装成为美德，就把人给迷惑了：没有孩子就绝对不行，传宗接代很重要，最后这些就变成自己的需要、家族的需要、社会的需要。人家都有孩子，就你没有孩子，这是大大的不孝。你看人们把这种需要一包装，一切就显得很完美。

为了让寡妇不再结婚，有什么口号？"好女不嫁二夫郎""死亡是小事，失贞是大事"。你看连"失贞"这个词语都用了，大家还敢不敢早婚早育啊？为了控制人口就这么做的，说一个女人如果这些都丧失了，就是德行不好。这就是社会的需要，明白了吧。

所以我们在这个点上不能入门，你会进入迷途，我们必须把真相显现出来，你才能面对真实，才能解脱。中国最文明的时代，公主嫁给驸马，会不会天天在一起？不会啊，他们都会分居，这样彼此都有了生活空间。夫妻两个结婚了，要不要天天睡在一张床上？这科学吗？很显然不科学啊，两个人，一个人是晚上 12 点回家，然后你一上床把另一半弄醒了，她一晚上没睡好，你说这样的事情是不是常有，这种就是不懂爱情。

慢慢的你就体验到一种感觉，人们更多的时候需要一个人独处，你发现自己一个人出去吃东西，吃什么都行，根本不会是一种负担。还有就是看电视，你一个人看什么都很随意，都很放松，这是在生活中习以为常的事情，本质上是满足自己的需要。爱情根本不存在，你需要的时候就会包装，去找各种理由，然后证明你是的对的，其实那根本就是你自己的需要。

在生活中，真正长久婚姻，是你和另一半的各种需要彼此满足，你能满足她的需要，她能满足你的需要，这种叫好婚姻，因为"需要"会一直在那里。当这个人没了，你还是会寻找另外一个，然后两个人脸不红心不跳的彼此撒着谎，我爱你到天荒地老，海枯石烂，白头偕老。结婚三年后离婚了，为啥离婚，就是你需要的对方不能满足你了，多简单的事情啊。

结果我们用"爱情"这个词语把自己骗的多累啊，多沉重啊。如果夫妻两个人都有机缘看《入门》这本书，甚至能来《弦外之音》的课上好好地互扰一下，都拥有这种思维，彼此可以直截了当地表达自己的需要，彼此直接满足各自的需要，那剩下的就是自由飞翔。

爱情的三种"需要"形式，我们暂时还叫爱情，否则怕你搞晕了，这三种形式也是我们要修的境界。

1. 物质的需要

一个女人看到一个男人挺富有的，然后就跟他结婚了，这就是物质需要，她要的是财富，她也满足了自己的物质需求。

2. 事业的需要

两个人在一起配合比较默契，彼此离不开，为了一个共同的事业两个人可以全力以赴，彼此支撑鼓励，这种是爱情在事业上的需要。

3. 精神的需要

就像芮小丹和丁元英，知道这两个人是谁吗？看《天道》啊，这个电视剧真的要好好看看，这两个人就是活在天堂里，是彼此精神的需要。要达到这种境界，两个人都是独立的，无论是物质、头脑、生活还是事业，人生幸福的关键也必须两个人是独立的。男人和女人都很独立，这样才能谈到融合，谈到平衡。换句话说，他有他的事业，你有你的事业，最后彻底醒来，爱情只是人生的一种点缀，达到圆满爱情的核心条件就是两个人必须都是独立的，都是有自己的事业、自己的财富、自己的圈子，最后才能达到天国之恋。

爱情这三种，物质的，事业的，精神的，你有什么本事就在哪一种里面生活。所以爱情需要本事的，没有本事就需要能力，就需要慢慢历练，天天说我爱你有用吗？记住一条入门法则：

◆入门法则 20：每个人去体现自己的生命才是我们的主旋律，爱情只是人生的点缀。

有的老板说找个女人就是为了看家带孩子，把家庭经营好就行了，这样能长久吗？

婚姻和爱情是两码事，结婚毕竟受社会的规则所限。你把这些看开以后，你心中的某种爱就会增加，让你看《天道》就是帮你解脱，让你过这样的日子，让你在红尘中自由飞翔。

所以相爱的两个人在一起要幸福只有两条路可以走，第一个是两个人共同做一件事，这是彼此间一种配合和相互照应，这就容易幸福。第二个就是两个人各自独立成长，如果两个人都开悟了，都获得智慧了，这能不幸福吗？她不会因为打你电话关机而在那里生气，开悟的人根本不会纠缠在红尘这种小事上，她完全超越了，她和你心意相通，可以和平探讨、轻松聊天，不强求，也不去控制。你把你的需要释放出来，我把我的体验释放出来，最后大家身心都是自由的。

当然，看到这里，你的大脑只能得到"爱情"的理论和结论，真正的"爱情"来自于你的身心体验。

五、寻找自身的行为动能

为什么人与人不一样？为什么每个人都有不同的境界？就因为自身的"行为动能"互扰不一样，同样谈爱情的话题，有的人谈着谈着就谈到了洒脱，有的人谈到了痴情，有的人谈到伤感，有的人谈到了报复……

当一个人动能不够的事情，谈到的都会是负面的、消极的。一个人动能旺盛的时候，谈到的就是正向的、积极的。那行为动能怎么来呢？我们前面有讲过，就是金、水、木、火、土这五行。

木，生长的动能：它在我们身体内部最典型的代表就是肝，肝不健康就会导致排毒不畅，整个循环就会受阻，肝不行了，生长的动能就不足。

火，燃烧的动能：它在我们身体内部代表的就是心，肥胖的人你看他容易出汗，可他热力不行，他的燃烧动能不足，他最大的负担就在心脏，而且容易手脚冰凉，短寿，所以说脂肪无法燃烧。

土，蕴藏的动能：它在我们身体内部代表的是脾，当脾功能不行的时候，蕴藏的动能就不足。

金，坚固的动能：它在我们身体内部代表的是肺，肺功能不足就会胸闷，呼吸不畅，就会导致坚固的动能不足。

水，流淌的动能：它在我们身体内部代表的是肾，肾为先天之本，肾不足了，流淌的动能就不行了。

如果只是单个功能不足，那影响不大，但单个不是关键，它们彼此互扰产生的能量才是关键。所以你不能怪那个人为什么这么负面，为什么这么消极，他也没办法，是器官不行了，是心肝脾肺肾之间失控性互扰，这样产生的破坏力和能量是非常大的，我们注重健康，光去锻炼，修养某一个部位，是无济于事的。要找到平衡点来进行锻炼，在这个点上我们进行养生，才有效果。

这当中的关键就是"充分的放松"，彻底解放心肝脾肺肾这五个部位，不要有任何思想上的情绪，让身体充分地放松这五个部位。《黄帝内经》里有"怒伤肝、喜伤心、忧伤肺、思伤脾、恐伤肾"的说法，这些都是人不能充分的放松而导致的，大喜、大悲、大思、大恐、大怒都会伤身。你要学会放松，让身体自己组织能量，自动修复和平衡行为动能，人体的自愈能力是惊人的。

　　身体的行为动能是不断循环的，当我们心里升起某个意识的时候，就会对身体相关的器官产生影响，例如身体运转起来满分是 10 分，结果某个情绪影响其中一个器官到 5 分了，这样当循环到这个器官的时候就循环不下去了，结果整个身体运转都降成了 5 分，然后下一个器官也继续受影响变成 3 分了，然后整个循环就跟着降到 3 分，所以你会发现身体状态就一直跟不上，你以为是你年龄增长导致衰老，其实根本不是那么回事，是你的行为能量受到情绪的影响而不断被消耗，这会导致我们身体非常疲惫，身心非常的累。我们没有足够的能力让自己美美地待上一小时，即使是躺在床上，为什么？因为你的情绪是混沌的、慛的状态，大脑一刻不停地在工作，那怎么会美呢？整个内心是混浊的，我们每天忙来忙去都是在勉强支撑，每天都累得不行了，那只好疲劳战术，往床上一躺倒头就睡，你以为休息了，其实行为动能根本没有正常运转，结果到了明天继续恶性循环。

　　有没有人可以试着连续 5 天完全放松？有人能做到吗？很少有人，可以说几乎没有人可以做到，即使我们在完全放松的状态下跑个步，或者爬个山，然后到了某个地方休息一下，你会发现那一刻是非常清爽的，感觉是很美的，可惜这样的感觉只能停留一会儿，为什么呢？是我们的精神力不行了，我们的行为动能几十年如一日在低状态下运转，等我们静下来的时候才会发现我们的身体居然已经疲惫到这种程度了。

　　所以如果我们现在不注重静心，我们只能在生命的旅程中不断挣扎，带着疲惫不堪的心在红尘中沉沉浮浮。

而当我们能量不足的时候，就算学会"互扰"，那互扰出来的也是半成品，互扰出来的智慧也是半成品。你的灵感刚刚产生一个开头，后面就没了，是不是很多人会有这种感觉？你急也没有用，你的身体就这样，没能量再供给你，你没法继续往前了，所以你再怎么努力都是没用的。

这样你就明白为什么不同的人给人感觉的境界是不同的，就是看这个人有多大的行为能量，能互扰出什么样的状态，最后生成什么样的智慧，成为什么样的人。

明白了吗？人最根本要精力旺盛，筋骨通达，而精力旺盛的关键就是让行为能量始终全状态运转，不要产生各种思想和情绪，没有把你的念头妥善地保护住。

为什么小孩总是精力旺盛？因为小孩思想负担少啊，所以他们行为运转的能量就能满负荷循环，细胞生长都是饱满的、健康的，所以小孩子累了睡一会儿起来又能生龙活虎，而等到读书了，思想负担重了，孩子就没劲了，因为行为能量都是低负荷运转，可家长却完全不懂，还不断给孩子压力。

当我们能量不够的时候就很难体验到大智慧，就很难开悟，不是说你理论基础很好，见识也很广，你就能开悟，还要看你的行为能量够不够，精力旺不旺。为什么你站在台上讲两个小时就腰酸背痛了？就是精力不旺，说白了，没有体能就开悟不了，就像发电机一样，要到10万转才能发电，你就一直在 3 万转、5 万转，你如果这个都搞不懂，还拼命学习，累死了智慧都不会生发的。

很多人就是不懂这个道理，明明自己很累了，然后还要死撑着陪对方说话，其实对方也很累了，也不想聊了，结果看你不走，也只好硬着头皮继续聊。有时候我们去参加一些聚会，都晚上八点了都没开席，明明肚子都饿得咕咕叫了，却还不好意思动筷子，哎，有时候，我们真的要学会一点点自私。

什么叫自私？自私就是先管好自己，把自己的身心调整到一个非常卓越、非常旺盛的状态，把自己的思想和思维调整到清净、纯洁的状态，而不是一天到晚看别人的脸色，或者盯着别人的毛病，这个看不惯，那个不来劲，最后自己累死累活，也得不到别人的同情，有些人还会愚昧地说"我这样做，都是为你好啊"。你看这种话多伤人，多没能量，这就是没入门，人就会变得痛苦。是不是有一句话叫"请先自扫门前雪，再管他人瓦上霜"，就是让你管好你自己。

真正的高手，饮食方式、作息习惯都是特立独行的，他们有些人吃完早饭会睡个回笼觉，这个很重要啊。是不是没人这么教过你，吃过早饭睡回笼觉，整个人朦朦胧胧的，沉下去20分钟、30分钟，能量就回流了。不是让你睡着，只是简单地休息一下，睡着那就是迷糊了。吃完早饭睡个回笼，适当发呆一下，到了中午再好好睡一觉，人一天都会有精神.你不要硬撑，不要透支自己的身体，要知道，这个时代我们每个人的身心真的很疲劳，需要让身体多休息，精力不旺就要随时休整。

我这是在告诉你让精力旺盛的一些技巧，另外一个方法就是喝水，你看精神好的人就是天天喝水，早上起来至少喝一杯温开水，你先把水的动能打开了，让肾开始动一动。肾是先天之本，肾循环起来了，整个动能就开始流淌了，所以高手都有让自己精力旺盛的秘诀。

还有什么能让自己精力旺盛，让自己拥有行为能量？最终极、最直接的方法就是爱。

爱上一个人，让生命开始裂变，让生命不断叠加，当你爱上一个人的时候，你就会把这个人的能量放在你的心上。而她的能量也会叠加在你的身上，然后你的能量又回流到她身上，两个人有时候不在一起，可中间会有一股力量，那个力量就是我前面说的"互扰"。

就像你爱一个人心里美不美？你可以排除一切万难去见那个人，此时你的力量大不大？而她整个能量都会放在你的心上，所以高手为什么有无限能量？因为他们拥有这种纯粹的爱。

当然我说的这个爱不仅仅是指男欢女爱这个爱，而是包括所有的爱。两个人成为朋友，彼此相通也是一种爱，还有对父母的爱、对孩子的爱、对老师的爱、对同事的爱、对伴侣的爱、对动植物的爱，当然最重要的是你一定要去爱。对他人的爱是一种发自内心的美，你不需要说什么话，别人就能感受到，行为能量就来了。

我们身边是不是有这种人，她遇见一条凶狗，这条狗看见别人都会狂叫，当她出现在狗身边时，狗会慢慢安静下来，然后慢慢摇着尾巴，最后会来到她身边舔手，此时，这条狗的能量就叠加到她的生命中。

当我们的生活被爱充斥的时候，那真的是太美了，这种愉悦的感觉无与伦比。上次遇到一个学员，说是去参加兄弟聚会，结果一看人少了，有两个没来，其中有个兄弟很感慨，然后就哭了，哭得很伤心，声音都嘶哑了，一下子把所有人都激活了，大家都被一种爱的感觉包围。所以当他把自己激活了，别人的能量就汇聚到他的身上，他的爱越多，能量就越大，就会越旺，各种事情不断地叠加，快速裂变，所以这个兄弟就很受人尊重。

还记得羊皮卷上的那句话吗？"我要用全世界的爱来迎接今天，在真正掌握爱之前，我只是商场上的无名小卒，就是有爱的存在，哪怕我财穷志短，我也能以爱心获得成功，如果没有爱，即使我博学多识也会失败"。这就是让你用爱来打开自己的行为能量。

老板有没有看到员工身上真实和活泼？有没有帮助员工成长？当你发自内心关心爱护员工时，就会产生影响力，团队就会变得强壮。如果一个老板没有爱，团队是不会茁壮发展的，用任何管理方法都是徒劳，没有爱的老板，不会打造出伟大的团队，也无法成就伟大的事业。

有个大师看过很多书，游历各种学府，也在山里"修行"过，准备要写一本传世经典，可没有爱的能量能写得出来吗？完全不行啊！很多学问上的东西是很苍白，很无聊，很没意思的，你唯一要做的就是学会爱。历代帝王想要长命百岁，结果没有一个长命百岁，因为都在勾心斗角，都在算计这个，算计那个，只有爱才能让一个人长寿。你看有些人捐款，不管什么事都会捐，她这么捐是为了别人还是为了自己？当然是为自己的福德在捐，捐得越多，回流得也越多，这都是爱的叠加。当你爱每个人，你就把身边的人都变成千万富翁、亿万富翁，那你自己当然也不缺钱啦。捐得越多你获得的行为能量越多，福报越好。

你说你出差看到一本书挺好，一下子买了30本，然后给每个人送一本，这就是心里想着对方。为什么我们很多同学关系不长呢？因为彼此没有牵挂，你所做的事情没有想到和对方分享啊。

现在是一个互扰、碰撞、纠缠的过程，然后你会慢慢地开始悟，最后你有机缘来到我们《弦外之音》的课堂上。我们创造的是一个完全开放、通透的场域，人与人之间是完全推心置腹的，大家发自内心释放，这份爱足以超越手足。当你的公司出点什么问题，大家一起解决，你敢在社会上找朋友吗？你敢在社会上公开你的事儿吗？你与社会上这些朋友，你都不好意思放开，大家都没法进入一体，没能生发智慧，最后带给你的仍然是糟糕的结果。

为什么社会上组织的聚会办过几次就不办了，我们的同学会、团体聚会，各种聚会都长不了？就是因为大家彼此之间都隔着说话，大家的心门都打不开，人人都提防着，然后主办者就想靠程序、靠制度来约束大家，什么迟到就罚款，不参与就罚酒，最后大家来了几次就都不来了，根本没意思。所以，现在的聚会、年会和各种活动除了靠奖品吸引点人，其他根本吸引不到人。因为没有爱的流淌，人来了没感觉，也没有收获。

我们做企业是不是也一样，要员工参加会议，然后你还要各种约束，迟到要罚款，结果他以后该迟到还是迟到。而且大家开会，没完没了讲虚的东西，这有意义吗？整个氛围弄得死气沉沉的。如果你每次开会都能给大家带来收获，都有爱的感觉，你不让他来，他都会来。所以要改变自己的思维，让爱流淌在公司。

是不是很多课上的老师都会说："能量低了"这句话啊，这是什么意思？我们做什么事会让自己的能量变低？

你怎么又把牙膏放那里了。

谁炒的青菜，这么苦。

靠，这队伍怎么排这么长？

这家伙又在背后说我坏话了。

会不会开车啊，想早投胎啊。

你这什么态度，问你点事会死啊。

你脑子整天在想什么？就知道玩。

不行，这个不许买。

这么晚还不回来，你死外面算了。

跟你说了几十次看着点，怎么又碰了。

……

这些话熟不熟悉？我们每个人在生活中都说过类似的话吧，你这一开口，让人听着就不舒服，爱能流淌吗？我发现，确实一部分人不会说话啊。

为什么我要开《万能语言》课程，就是因为太多人不会说话了，尤其是不会讲高能量的话，不会讲爱的语言，不会激发对方的行为能量，你说这多糟糕。所以学习讲话也是一门艺术，在生活中、企业中、家庭中，与领导、父母、子女、伴侣，你会用爱的语言表达吗？

大家之所以精力不旺，就是因为每个人的行为能量在语言中被影响、被消耗、不断降低，所有的争论、矛盾、误会都是因为不会讲话造成的，所有销售的失败、业绩的下滑也是因为不会讲话造成的。

记下来很关键的入门法则：

◆入门法则 21：凡是说话就要说能支撑别人的话，凡是说话就要说让别人立起来的话，凡是说话就要给别人有感觉的话，凡是说话就要让爱流淌的话，凡是说话就要提升彼此行为能量的话。

由此，大家明白让一个人精力旺盛最好的武器就是去爱，而爱的表达方式有很多种，我们需要通过互扰来产生智慧。接下来我们要探讨什么是事实，我们要开始"入境"和"化境"了。

六、何为事实

事实是什么？人之所以矛盾、痛苦，就是因为我们远离事实，不了解事实，那事实究竟是什么呢？事实＝时间＋空间＋角度，什么意思呢？你要在大脑中形成一个三角形，三个角分别为时间、空间、角度，三角形中间就是事实。

我们看到一个老师在台上讲课，他处于什么状态？他是自信的、绽放的、认真的。时间是什么时候？是两天前，他讲了两天。在什么地方呢？在北京一家大型的五星级酒店二楼的宴会厅。处于什么角度呢？是面向我们。你看这些东西组合在一起才能决定事实。

你是不是一个老板，你是什么身份，你在哪里，你跟人说话是怎么回事，这些都组合在一起才能判断出事实，爱情也是如此，两个人发生了性关系，你告诉我真正的事实是什么？你怎么来判断的？

例1：女方不愿意，男方强迫，这个事实就是强奸。

例2：女方不愿意，男方有企图，然后给女方喝点迷魂药，这个叫什么？这个事实叫迷奸或者诱奸。

例3：在女方家里，女方不愿意，可最后还是发生了，这个叫啥？你不愿意你还让人家进来，这个事实很明显叫引狼入室。

例4：女方和男方发生关系了，女方要男方给钱，男方给了200美金，这叫什么？这个事实叫嫖娼。

例5：女方一开始不愿意，然后男方给钱，然后不断发生关系，每次都给钱，不断地给钱，这个事实叫包二奶。

例6：女方和男方偶遇，然后发生了一次关系，这个事实叫一夜情。

例7：女方和男方都愿意，两个人一下子好了30年，这个事实叫婚姻。

这些事就是每个人走的历程。为什么你的身心会乱七八糟？你会很累？就是因为你在不同的时间，经历不同的事实，凡是有外遇的人，都是在不同的时期被不同的事实所折磨，这些事实让你痛苦不堪，哪有什么良家妇女，说穿了就是不同的时期，经历不同的折磨、痛苦和喜悦，就因为活在不同的事实里面，所处的阶段不一样而已。

所以通过这个例子，你就明白，我们每次对接的事实只在什么下？事实只在当下，下一刻事实就会改变。你说这个员工忠诚，这个事实就在这几个月，他对老板表态："老板，你对我要绝对放心，我一定跟你大干十年，我们一起做伟大的事业"，当下这个是事实，再过三个月变没变？会变，这个变化也是事实，所以老板当下明白"事实只在当下，而且马上会形成新的事实"，这个就叫实境。

所说你不跟红尘打成一片，不跟生活玩转，你怎么能学会进入事实呢，也就是进入实境呢？因此，一个人不跟红尘打成一片，你又怎么能用得出来呢？

有个学员有一对儿女，女儿20岁上大学了，他对女儿说绝对不能发生性关系。然后他儿子今年18岁了，他又交代不要随便发生性关系，如果有一个女孩让你心动了，你和她发生了关系，那你就要娶她，你要和她结婚。你看这个学员的思想有多可笑，这样说有用吗？他企图用想象去和真实的世界对抗。

真实的世界什么样子的？在美国、意大利等发达国家，15岁的小女孩去上学，父母第一件事情就是在她书包里放上几个安全套，然后教她如何防止怀孕，然后她到学校，学校也发，超过14岁学校都要发安全套，并且告诉每个孩子注意安全，因为这个事实你再怎么控制都无济于事。

你要引导孩子找到那种怦然心动的感觉，而不是教他不发生，控制自己，有了性活动不是不安全，那是传统观念，是非常愚昧的，我们要学会把人解放，而不是把人改没，把人的性格改没了，人不就完了吗？

如果一个人总是去看什么性的方法、技巧这些书，这种人都是愚昧到家了，没有心，没有灵魂，两个人没有情感共振才需要方法和技巧，彼此有感觉的人根本不需要，这就是跟红尘打成一片，这叫随时随地符合当下，随时随地进入实境。

为什么要写"事实"这个章节，就是为了让你与红尘融入？因为你前面在看我写的内容，然后你的意识会被颠覆，继而进入一个很高的维次，有些人进去就出不来了，那感觉确实很美，可你最后要面对当下，面对生活，面对现在的事实，即使你明白这些事实是虚幻的，你触摸到了本心本源的状态，可你现在仍然处在当下这个实境中，所以你就需要面对这个"现实"，让自己淡化出来，变得洒脱点，你才能随时"化境"，随时"入境"，你以为开悟是什么？开悟就是进进出出，你不可能一直在里面，也不可能一直在外面，你需要的就是出神入化。

在生活中，我们的心情受什么影响？还是用事实那个铁三角，时间、空间、角度来判断。

如果一个人骂你，你很生气，两天后你还生气吗？不生气了，这就是受时间的影响。

如果你把一包盐放在杯子里，这水能喝吗？不能吧。如果一包盐放在游泳池里，放在长江里，对你还有影响吗？完全没有。所以你那点事放在心里就受不了，只能说明你的心胸太小了，如果你的心胸有大海那样的宽广，你还会难受吗？所以你心情的好坏关键在于空间的大小。

你在你的角度认为别人是在骂你，所以你很生气，可是换一个人从他的角度来看，或许是在点拨你。如果你能换位思考，你还会生气吗？这就是受角度的影响。

一个人的心情好不好，关键就看时空角的运用。遇到事情先不要急着爆发，先用时间沉淀一下，试着把你的心放大，然后通过多个角度来看待这件事，慢慢你会发现人家骂也骂不到你，批评也批评不到你，你的心情还会变坏吗？

你要学学太阳，听说过太阳黑子吗？太阳黑子你看得见吗？看不见啊，可太阳黑子相当于 50 个地球那么大，这么大的黑子为什么你就看不见呢？因为太阳的光芒太大了，所以你完全看不见黑子在哪里。我们人的内心如果能像太阳一样照射出绝对光芒就能把黑暗掩盖，你再出去和别人说话，别人马上感觉就不一样。

高手说话是不是运用了时空角？还记得我在课上说的 108 个万能语言生发器吗？别人用空间说话，你就加上角度和时间，他用时间说话，你就加入角度和空间，你总是可以比他高三分之二，人家听你开口就傻眼了，你看我在《万能语言》上是怎么教大家运用语言的。

有人说："我的孩子不听话怎么办啊？"你直接问："你想把孩子培养成什么人？"他说："我想把孩子培养成领袖。"你回答："那不就对了，他不听话才是领袖的气质啊，如果都听话了那不成打工者了？"

你看，换个角度他就傻了，后来想想也是这么回事儿，就放下了执着。

有老板说"员工不忠诚"，你可以问"员工不忠诚是你的事还是他的事？"他说"是我的事"。那不就结了，既然是你的事，是你认为你的员工不忠诚，与员工有什么关系？你扯员工身上干啥？

你看对方说了一个所谓的事实，然后你怎么化解呀？直接改变时间、空间、角度，这事实就改变了，就把他那个事实整没了，所以当你照见到宇宙实相，拥有了智慧以后，你再回到红尘中穿梭，把人类虚构出来的"时间""空间""角度"任意互扰还不简单吗？这就像呼吸那么简单。为什么人家一有烦恼去问佛祖，佛祖一句话就给他化解了，而且不同的人不同的方法，你有八万四千种烦恼，佛祖就给你八万四千种化解的方法，这玩的就是时间、空间、角度的游戏。

来到《弦外之音》的课堂上，不去碰手机，也不去管那些乱七八糟的破事儿，第三天、第四天你开始进入自己的频道，发现自己慢慢变得纯净了，你可以恢复到本来状态、本来面目，你感觉到这样的存在非常美好，这就是生命本体，原来这样活着挺好。小时候你每天跳一跳、玩一玩、吃一吃、美一美，跟小伙伴之间不就是这么回事，人本来就是圆满的。

我们其实根本不需要做什么，我们所做的一切创造都是在打破平衡，都是在破坏，都是在让生活更加的不幸福，所以要回归，至少要定期回归，让每个人都变成一体，一样的频率，一样的振动，行为能量在彼此间流动，每个人都会成为智慧本体。

此时此刻，你躺着也好，坐着也好，你在看我写的这本书，在这个时间、这个空间、这个角度，你是在求智慧。从生活这个层面这就是事实，过一会儿你可能要去烧饭，或者去给朋友打个电话，你的时空角一变，你看书这个事实就发生了变化，如果你能始终保持这样的"觉察"，那你就很厉害。记住进入事实，就是保持觉察，带着觉察，带着感知力去处理时空角的各种事情，你就能停留在"出"和"入"之间，随时获取到智慧。

接下来我再告诉你，"这个世界上唯一的事实就是不存在事实"。你看我又开始互扰了，刚才说了半天的事实被我说成不存在了，我们身体里的基本粒子就是这样相互纠缠的，一会儿说是黑的，一会儿说是白的。所以那些研究哲学的人很有意思，今天推出一个观点以为是真理，结果过了几年又被另一个人颠覆了，然后说成是悖论，过几年又有新的观点了，每个人都在用毕生精力证明自己说的是对的。其实哪有对错，哪有真相，这个世界本身就是纠缠的、互扰的。你用人类有限的认知去定义某个东西，那真是痴人说笑。

我们每个人只能看到自己想看到的东西，自圆其说是每个人的本能，当我们的感性器官扭曲了一个事实以后，理性器官不仅不会纠正，还会成为帮凶来遮蔽，从而掩盖真相。

我们眼睛看到的东西，你说是真的还是假的？其实我们眼睛看到的只是这个世界很小的一小部分，我们眼睛的可感知的电磁波的波长在400~760纳米之间，那是很小很小的一点点，而这个世界绝大部分的事物都在我们眼睛可见光之外。你的眼睛看不到不能说没有，也不能说是假的，如果你把我们的眼睛换成一台光谱仪，那你看到的东西就太多太多啦。同样的道理，我们的耳朵也是如此，只能听到20~20000赫兹的声音，绝大部分的声音我们听不到，你听不到不能说没有，只能说很多事实你不知道而已。所以不要去定义那些你看不到或者听不到的东西，也不要把你看到、听到的东西完全当成事实。

之前我说到"事实＝时间＋空间＋角度"，可如果时间、空间、角度这三条不存在呢？那事实存不存在？那也就不存在了嘛，你看这互扰的，是不是看晕了。

1. 时间

　　◆入门法则 22：人生不要把偶然的成功当成必然，过去所有的成功都是我们未来走向灭亡的隐患和导火索。

我为什么可以悟到这一点？是因为我过去一直在讲课，今天给这批学员讲课，我想留下点记忆，可留不住啊，所以我就很痛苦，如果我现在马上飞到下一个城市，紧接着给下一批学员讲课，我就没时间去思考，如果我今天走不成，要找个酒店住下来，那我今天这一晚上思想就会有沉淀，这就给我就带来了各种混乱和伤害。如果我一直是去到下一个地方，立刻飞到鲜活的场域，过去的思维都没来得及形成，新的已经开始了，这叫生生不息，把你的人生排满，让你的节奏满负荷持续起来。还记得我前面说的持续吗？越是这种节奏，你就越有感觉。

你要随时能进入新的场域，对接新的频率，在这样的状态下你就可以立刻活在当下。什么叫转变心态？转变心态就是可以随时跟当下融入，进入无我的状态，无我就是没有时间，到哪里就能跟哪里合，万物合一就是这么来的。

老板明白了吗？要学会淡化时间，淡化时间就能转化心态，谁能把时间淡化得越少，谁的智慧也就越高。你知道我们的大脑为什么这么愚昧，很难觉悟？这就是被逼的。被什么逼的？就是被时间逼的。我们从小到大接受的啥教育？那叫时间教育，我们所有的一切都是建立在时间这个假设的基础上，所以你认为所有有道理的知识，离开了时间就是歪理了。把时间忘了吧，你需要像婴儿一样从头开始学智慧。

2. 空间

空间存不存在？屋里屋外，天上地下，空间是不是也是为了沟通方便而存在的一种假设？存不存在上下的问题？

有一次，一个小孩问我："既然地球是转动的，那地球一转不就没有东南西北这个方向了吗？"你看小孩都明白空间不存在了，你说东方在哪里？西方在哪里？都是人站在自己的角度，为了沟通方便而创造的一种表达方式。

而我们把这些当成事实了，把空间当成事实了，我们弄个虚设的空间，把自己困在里面，框住了，框死了。你说你今天待在自己舒适的家里，这和你待在沙漠里，这两个空间存不存在差别？不存在啊，当我们空间不存在，那我们存在的范围是很小还是很大？当然是无限大，对不对？当没有空间概念，我们的存在就会变得无限大，所以《心经》里才会有无眼界乃至无意识界，就是这么来的。你说你背《心经》背得再熟练，你还有空间这个概念，你不被我这么互扰碰撞，你能悟到啥呢？

当我们拿掉空间了，我们在无意识界，那你来自哪个国家还有什么意义吗？所以大人物就是到哪个地方，到哪个国家，都会有自如生长的感觉，不会有陌生感。哪来的什么水土不服，那都是自己心里有空间的概念，把自己的心框住了。当你行走江湖，到哪里都没有陌生感的时候你的心就美了。你到宾馆房间的客厅就感觉像来到自己家的客厅一样，这就是高手。

只有淡化空间，你才会更加明白，在红尘中历练可没那么简单，你要打破很多过去固有的礼节、尊重、面子这些东西，你要学会弱化空间，要学会游戏红尘，不要整天待在家里玩，那太没意思了。你要出去多转转，多看看，多玩玩，你后半生学啥呀，就学着怎么跟我们一起在全世界玩，然后吸收，再释放，这多美的事儿呀。

3. 角度

什么是角度？角度存不存在？很显然还是为了沟通方便的一种假设，你从这个角度，他从那个角度，从你、我、他这三个方向来看问题，这都是为了啥？为了沟通方便，人类就喜欢整这些事儿来折腾自己。

怎么可以像我一样学会自我互扰，生发智慧呢？你以后就问自己三个字"我要啥"。在生活中很简单，不要整那些乱七八糟的东西，就三个字"我要啥". 你和别人谈经论道没意义，你就问自己"我要啥"。

世界就这样了，一切资源都已经组合完毕了，你就问"我要啥"，然后你可以继续问"我用啥"，这就是核心。你还会不会从学历、道德、观念这些角度看人了？不会啊，你要什么就用什么呗，来啥就用啥，你管他是什么学历，跟谁在一起，做过什么事，这跟你有啥关系，你现在要用啥？就这么一个人，你觉得可以用就用。所以先学会只有一个角度，一切先从一个角度切入，就问自己"我要啥"。你出差去找个酒店，你还要研究这个酒店合不合理，多累啊，你就问自己要不要住？你要住，就住进去，反正空间都一样，有什么评判啊，这种思维你多训练，你就会很轻松，人就不会太复杂，不会太累。到哪里你就知道哪些是你要的，你就要，哪些你不要，你就不要，看明白了吗？不要活在细枝末节里。

一个小人物一开口就讲现象，就习惯学人家附庸风雅，整天活在鸡零狗碎、鸡毛蒜皮的小事中，而不去洞察根本，不去进入那个核心。为什么很多老板学《易经》学不会？因为都在推理卦象上了，而不是去学习《易经》的思想，不去洞察其核心，那样永远只是在边缘摸索。

大人物发现《易经》这个价值很大，立刻一回身找三个专家帮自己调理一下。老板不要什么都懂，如果你什么都懂你就不是老板了，让专业人士做专业的事儿，各行各业都有专家，都有老师，你直接请他们不就行了。你要学《道德经》，你发现道德经很重要，很有价值，那你就赶紧找个顾问结合你企业的实际，梳理一下不就完事了，这就叫变通。这就是直接进入核心，一切为我所用，你想要啥就直接用啥。

当我们把所有角度都取消了，你就会发现，来什么就用什么，这个世界上新的观点、新的方法层出不穷，你觉得哪个对你来说有价值，你就用哪个，该怎么用就怎么用，这多简单啊。

当你把这些都看明白了，你就知道时间、空间、角度都是虚构的，都是一种假设，所以"事实"本质上也是一种假设，你再去看《金刚经》你就能看明白了。为什么这本书叫《入门》，为什么让你们在触摸根本之前要先"入门"？就是因为现在整个教育产业太乱了，各种知识付费APP、灵修班、金刚班、弟子班，弄得很多老板费时、费钱、费力，结果还是没把自己弄明白，始终处于迷茫和痛苦中，因为大家都没"入门"，只有先"入门"，你知道真正的老师是谁了，也明白自己"要啥了"，你再去学习，哪个好用就用哪个，心态始终保持中正、中立的状态，然后慢慢地在红尘中历练。此时你再碰到某个老师，才能真正有碰撞、有互扰、有感觉、有链接，你才能生发出新的认知、新的智慧、新的结果。

你要一直不"入门"，你就会一直处于颠倒梦想中，你接触所谓的弟子班、灵修班，一会儿觉得有道理，一会儿又迷糊了，弄不明白，就是因为你颠倒梦想了。《入门》就是帮你把这些统统都拿掉，让自己的思维彻底洗个澡，从头到尾、从内到外都洗干净了，然后你再去面对这个红尘世界。

到那个时候，你去听人家讲国学、讲兵法、讲世界观，无论是专家、科学家、哲学家，无论他们讲什么东西，如果他们自己都没"入门"，都没搞明白，你一下子就能看懂，你就知道他们讲着讲着就会把人带入死胡同。很多人还拜师，你先看看这个师傅有没有"入门"，随便问几句什么是本体，什么是用体，就知道这个师傅是不是真的有智慧。

如果你遇到一位所谓的大师，你请他出山，然后陪他坐一下公交车，他感觉到人挤人的，开始不适应了，然后你让他住在80元一晚的招待所，他马上就翻脸了。这种大师就是假的，他根本没有修炼到与红尘对接，还保留着区别心，不能与万事万物融合，他以前出门都是豪车接送，都是五星级酒店住着，现在与市民百姓挤在一起，他就不自在，这种人怎么可能给人带来智慧，无论他在讲堂上讲得如何冠冕堂皇，回到红尘中一历练就现出原形了。

你如果要成为红尘高手，你就要淡化时间、空间、角度，要给人一种自在、自由的状态。你在寺庙里遇见方丈，你和方丈一起吃饭，你如果还有点紧张，那你就完了，你这种所谓的放松一看就是假的。你没有绽放，真正的红尘高手是跟宇宙同频率的，是无限接近宇宙实相的，你今天之所以还痛苦，就因为你没有与实相合，你没有得到你想要的一切，就是因为不会合一。

你为什么不会游泳，是因为你和水是两体，你的思想和身体在跟水对抗，当你放下这些思想，把你的身体放松，让头沉入水里，你很快就发现身体浮上来了。游泳的关键就是让头下去，身体就上来了，你跟水融为一体，水就让你在里面自由地游动，宇宙最大的实相、最大的智慧就是一体，一体思想就是大智慧思想，你要学会用互扰法，让自己与自己想要的一切合二为一。

最后总结，时间是假设，空间是假设，角度也是假设，都是人们为了沟通方便而创造的。事实就是为了存在，就是为了体验，你体验什么人生，你的人生就是什么，你所走过的路程就是你的全部。我们要学会"互扰"，要通过"互扰"来体验人生，然后最后与宇宙实相合。

七、体验相合

还记得"互扰"这个词吗？以后一说到"互扰"，你头脑中就要想象出两个星球彼此转动，两个星球之间有一种力量相互纠缠、相互碰撞、相互作用，这种就是"互扰"。当你开始懂得互扰的时候，你就知道如何在红尘中体验，整本书都是在教你去体验，用互扰的方法生出体验，你体验到什么就是什么，只有体验才能相合为一体，合一有四种法门。

1. 与自己合

合就是在一起，你没有和自己在一起。有些女人觉得自己很矮，然后就弄个高跟鞋穿着，她不敢面对自己的真实面目，她跟自己不合，在外人看来，这女人挺会修饰自己，而她自己心里知道这是负担。穿高跟鞋累不累？当然累啊，她还说习惯了，这不仅仅是生理负担了，还有了心理负担。

所以不是增高你的身高，而是增高你的智慧，提高心智啊，我们总是想改变改变不了的事情，你想要高，你直接踩高跷不就行了，还弄个高跟鞋多虚伪，你要是在课堂上，我直接给你整哭，让你清清楚楚，明明白白看清自己的本来面目。

你什么时候把高跟鞋放下，把抹在你脸上那些化妆品都放下，让自己解放，先解放自己的心灵，先和自己合一，你放下了你就是自由的，为什么有人弄个双眼皮之后就痛苦不堪，因为眼睛变成双眼皮了，心能变成双眼皮吗？结果人家说你不好看，你就很难受；结果人家说你很好看，你心里还会"咯噔"一下，我这是假的，可千万别被人家看出来啊。你这负担多重啊。

你看头发少的喜欢带个帽子，学历低的最怕别人问自己哪儿毕业的，这些都是没智慧，都是没有与自己合。当一个人接受了自己，接受了自己的长相，接受了自己的身高，接受了自己的身材，接受了自己的学历，这就开始进入合一了。只要一接受，外在的幻象就统统都没了，如果你不接受就永远存在，随时影响着你，把你的能量耗尽。你为什么会做梦？凡是你做到与自己有关的梦，就是因为与自己不合，不管好梦坏梦都是不合的表现。结果到哪里都在乎这个，在乎那个，走路说话的时候就把自己耗尽了。

你如果看完《入门》，学会与自己合一，你不用管别人怎么说，你始终是与自己合一的，你心里始终是美好的，你就是一种存在。在乎别人说你啥呀，这就没问题了。

2. 与他人合

你觉得自己不成功，就想模仿别人，摆个造型，装个样，这是自己与自己不合。等你放下了，一下子就绽放了。你今天学人家讲话，明天跟别人改生活习惯，那结果就是老跟着别人转，你要学会让别人围着你转。

当你把这些悟透了，随便穿个花衬衫，到哪里都敢去，就说明你合了，你是放松的。你知道为什么很多人减肥失败吗？因为一发现自己肥了，就每天研究穿什么衣服掩饰一下，以为看不到就不肥了，这样还会减吗？减肥最有效的方法就是露出来，一露就是每天提醒自己注意饮食，注重锻炼，很快就减下去了。

就像一个人思想堵住了，在那里伤心地哭，本来没啥事儿，可结果大家都去安慰她，告诉她"别往心里去啊""想开点啊"。结果她真以为自己有事儿了，在大家的影响下变得更伤心、更难过了。

这就是和别人不合啊。她原来是有智慧的，听大家劝慰后变得没智慧了，她开始在乎别人的看法，在乎别人说的话。这哪是劝慰，而是摧残，同时还暴露出她与自己也是不合的。你直接就说"谢谢大家，让我安静一会儿，我自己释放一下情绪就好了"，然后别人再说些什么，通通接受，与别人合二为一看问题，很快不就没事儿了。

3. 与天地合

有没有人遇到阴天、下雨天心情就不好的？这种人不少，晴空万里心情就好，遇到阴天心情就不好，这就是与天不合。

这种人怎么有资格当老板？一个领袖能被天气影响心情，这怎么叫领袖呢？怎么能成为企业家呢？你还能掌控什么？天嘛，就这么回事，不要轻易被天象所迷惑，该怎么做事还是怎么做事，有什么影响的。

一年四季，春夏秋冬，喜欢什么季节？各有各的喜好，有人不喜欢夏天，因为太热；有人不喜欢冬天，说太冷。你跟天较什么劲？你这就是没智慧，你和天不合，天气好可以送外卖，天气不好就不送外卖，你这样做事怎么能成功呢？

你喜欢这个国家，不喜欢那个国家，喜欢这个省，不喜欢那个省，喜欢这个城市，不喜欢那个城市，这就是与地不合。你要习惯到哪里，处于什么季节，不管什么天气，你都是轻松的，都是愉悦的。

与天地合表面上看是小事儿，其实透露出什么？透露出你在企业、在公司，你与产品不合，你与产业不合，你与上下游供应链不合，你已经都习惯这样了，你说你能干成什么大事？

放下你心里的偏见，静静感受这个宇宙馈赠的天地万物，你要与天地合二为一，你才能获得天地的能量。

4. 与时代合

很多人为什么抑郁？就是因为他和这个时代不合，他看不惯啊，他觉得法律不健全，道德滑坡，看这个乱象就睡不着觉。其实是他没有与这个时代合，所以才生出那么多抱怨。

有个老板规定女儿不能穿裙子，结果都 18 岁了还不敢露腿，然后这个女孩上网随便敲几下，都是各种暴露的图片。难道你还能让她不接触网络？屏蔽微信？结果这女孩的生活就变得支离破碎，活得很累。很多人就是这样与这个时代不合，然后痛苦不堪。

你说你非要显出自己是有文化层次的，你累不累啊，你是商人，你就做好商人，与这个商业时代合，整那么多虚伪的事情干什么？你在什么时代就做什么事。你要赶上宋朝了，你就跟岳飞去打江山；你要在清朝，八国联军来了，你就要一起抵制侵略。以前人们都是活在征战的时代，那你就为了生存战斗。现在因为有核武器在制衡，所以大规模的战役很少打了，人们进入理性时代，进入大脑时代，最后有可能进入心灵时代。你要庆幸这个时代，每一次历史变迁，都会让这个地球进化得更好，你能在这个时代是多么美好的事情，我们要让自己的行为能量与宇宙合拍。

　　你知不知道，总有一个世纪我们人类会遭遇灭亡，我们这个时代不一定可以看到，但后面的人会有机会照见到。

　　我们现在地球的南北极是轴转，人类的意识搞发明创造，不断地破译宇宙的能量，把电破译了，把磁场破译了，把细胞破译了，把粒子破译了，把核聚变破译了，当这些东西都破译的时候，势必产生一种供大家使用的能量。根据宇宙平衡定律，还会产生另外一种能量来平衡，这种能量人类看不见、摸不着，我们暂且称为暗物质能量。这个能量就是人类在天地之间人为创造的一股能量，目前这股能量唯一让人类能感受到的就是温度的变化，这个空间里这股暗物质能量越来越庞大，就会破坏地球原有的振动频率，就会改变地球的运转轨道，然后南北极就有可能对调，完全转向，这暗物质能量把轴的方向改变了。到时候哪里是海，哪里是陆地，谁也搞不清，整个世界会发生天翻地覆的变化，这个改变就会把地球原来的运转方式改变，最后走向毁灭。

　　所以两个人在一起如果吸收了一些东西，也会释放出一些东西，如果释放的东西大于吸收的东西，朋友也好，夫妻也好，两个人的关系就会走向灭亡。为什么要让大家彼此成为独立个体呢？就是希望人与人之间不要再争些什么对与错，你完全就是自由自在的，完全是与这个时代合一，与人和事物合一的，只有这样你才能活下去。

　　男人与女人的关系自古开始就在不同的时代进化着。在最初的母系社会，一个女人有很多男人是司空见惯的事情。而慢慢到了封建社会一个男人娶很多老婆也是天经地义，很正常的事情。而在这个时代一夫一妻制在大多数国家推行，每个人都遵循这个制度，可为什么夫妻关系越来越搞不好？离婚率越来越高？有些城市离婚率达到 50% 以上呢？就因为大家不会各自独立成长啊。

未来的社会形态是什么样的呢？未来是每个人都独立的时代，男人和女人根本不用结婚，无论男女都可以独立"培育"自己的孩子。他们会在需要的时候，去基因中心，在里面放入自己的精子或者卵子，然后选择自己需要的基因组合，例如偏体育、偏音乐、偏数学等，就像买电脑一样，选择好自己所要的配置，然后基因中心根据这个配置单选择适合的卵子或精子进行组合，最后通过试管把孩子培育出来。男人和女人根本不需要什么性爱，什么怀孕，都可以通过人工的方式获得自己的孩子。

孩子出生后，可能只有一个爸爸，或者只有一个妈妈，如果这个孩子想要一个妈妈，他的爸爸就会去找一个女人在一起，两个人的关系不叫婚姻关系，他们都是独立的个体，仅仅是因为彼此需要而在一起生活。两个人都有很高的灵性，需要性的时候可以有多种解决方式，包括 VR、性爱机器人都可以让人类获得比过去任何一个时代更棒的快感，这没什么大惊小怪，未来就是这样的。两个人组建家庭更多的可能是因为事业的合作，这就是未来的婚姻形态。或许到那个时候就不叫婚姻了，无论你怎么去适应时代，最终你都是为了找到你自己，找到自己的本来面目，你随时随地可以与万物合一，随时随地融入生活。

　　所以未来的时代，我们都是靠智慧来生活，我们会进入智慧时代。为什么宗教会慢慢消失，因为如果宗教还存在，一直延续下去，再延续五千年还是这个样，没法触摸到根本，人们最终所要回归的是精神家园。即使地球灭亡。还是会有一批人能回到自己的心维空间，能让自己不生不灭，佛陀，耶稣，老子都是这么回事儿。

　　所以你在这个时代，你转换好自己的思维，转换好自己的意识，进入什么时代就引领什么时代，慢慢用智慧来武装自己，开心愉悦地活着，其他都没有意义。记住，在这个时代，就是真实地活着，其他所有贪念都是妄想。当你自己活出了愉悦的感觉，你再去帮助更多的人，让大家都能回归，这就是体验相合。这才是最美的事情，也是《入门》的意义。

尾　记

　　回顾这四篇的内容，第一篇要我们被逼无奈后乐此不疲，然后明了生死，当生死全部放下的时候，就可以在红尘中历练，最后进入心维空间。第二篇要我们把所有入门的障碍都拿掉，拿掉多余，拿掉烦恼，拿掉情绪，拿掉"法相"，拿掉混浊，拿掉大脑，最后所有东西都拿掉了，都清空了，当然就进入第三篇，也就是进入了宇宙实相，进入一体性，在这里我们真正开始在实相中生出智慧，知道实相有很多种，知道最大的实相是"灵活"，知道所有成大业者都是有着"持续"的特质，当我们不断的持续燃烧自己，最终就能成为智慧本身。最后我们进入第四篇，谈到如何掌握宇宙行为的能量，如何利用互扰让自己持续地成长，明白了什么是性，什么是情，然后活出真正的自己，让一切为我所用。

　　如果你今天看完《入门》，你说毫无感觉，你说这是你的事还是我的事儿？这对我有什么影响吗？毫无影响啊，你没有学到我着什么急呀，你愿意修就修，不愿意学就不学，慢慢来呗。你看《入门》体验到虚无缥缈，你看书的这段时间就是虚无缥缈的人生。你看《入门》体验到的是开心，你看书的这段时间就是开心的人生。人生就是每一刻、每一分、每一秒变化的过程，是我们不断体验的过程，就算一个人开悟了，也只是在那个瞬间开悟了，下一个瞬间又回去了，只有体验是真的。没有体验，你那一小时的生命就不存在，就没引爆，就没燃烧，就是没有进入体验而在形式上飘忽。

我这么写还是为了互扰你，这本书就是一边互扰，一边碰撞，一边纠缠，让你最终能感觉到点什么东西。这种感觉会让你变得很率真，就是在这种率真的情况下我们才会比较舒服，比较美。你要活得自如、灿烂、纯净，不要被各种"心锚"所影响，慢慢地去感受，去回到你真正的当下。

凡是用语言能讲的智慧在我这里都写完了，剩下的就是在生活中演绎，演绎用到的还是文字和语言，所以高手往往是在生活中把这种文字和语言演绎到完美，所以别人听着就会特别舒服。

这本书给你的不是一个结论，也不是一个结果。这本书没有开始，也没有结束，一切都是在互扰，在碰撞，在纠缠。你看完以后，自己悟到什么就是什么。

22 条入门法则

入门法则 1：人在被逼无奈的情况下，才会发现只有绝路才是路。

入门法则 2：只有选择绝路才能激发自己的智慧，自己的潜质，才能超越那些在走常规路的人。

入门法则 3：成功都是无中生有，都是走自己能力不够的路。

入门法则 4：成大业者就是迷上一个人，迷上一件事。

入门法则 5：人活着就为乐一回。

入门法则 6：死亡就是肉身变成尘埃，又回到大自然，死亡就是回到本来状态。

入门法则 7：什么都没有意义，我们只能做一件事情，随风浪起伏，好好玩。

入门法则 8：人生就是各种细胞的临时组合，日子就是缘起缘灭，结果都是零。

入门法则 9：要想获得智慧，必须完美我们的人性。

入门法则 10：深入红尘，被红尘击碎，继而超越红尘，才能有智慧。

入门法则 11：一切智慧，本自具足，本自圆满，无须创造，无须增加。

入门法则 12：其实生死都是一种存在的状态，你面对哪个状态，哪个状态就是你的心。

入门法则 13：你觉得痛苦，就是你觉得此刻的状态不是你要的。

入门法则 14：只有纯洁的身心，才有洞察力，才能深入红尘。

入门法则 15：开悟就是用身心去体验，而不是用固定思维去整理。

入门法则 16：你只管经营好自己，一心向上生长，不要花时间去控制别人，操着别人的心，因为你根本改变不了任何人，大浪淘沙，始见真金。

入门法则 17：一个人不能在自己的事业上深入、体验、感悟，就是不务正业。

入门法则 18：成功就是你不断地审视自己的人生，才能进入成功，最后不管呈现什么状态，都是成功。

入门法则 19：人性的最高境界就是神秘，让自己时时刻刻处在神秘之中。

入门法则 20：每个人去体现自己的生命才是我们的主旋律，爱情只是人生的点缀。

入门法则 21：凡是说话就要说能支撑别人的话，凡是说话就要说让别人立起来的话，凡是说话就要给别人有感觉的话，凡是说话就要让爱流淌的话，凡是说话就要提升彼此行为能量的话。

入门法则 22：人生不要把偶然的成功当成必然，过去所有的成功都是我们未来走向灭亡的隐患和导火索。